A Day By Day Gu
To Drinking Less But

# 一天一則
# 酒知識

以及那天發生的醉重要大事（應該）

# 關於酒精濃度等級的說明

我們並未使用官方單位的說法，因為這些單位取決於你所在國家而定，況且每個人對酒精的耐受度也大不相同。另外依照我們的口號「喝少，喝好」（Drink less, drink better.）之精神，最好能每週的份量維持在 15 到 20 個酒類容器圖案內。同時，我們也建議各位保留幾天不要喝酒。

🥃 1 個（等級 1）= 25ml 烈酒（可額外混合果汁、蘇打水等其他飲品）

🥃🍶 2 個（等級 2）= 瓶裝啤酒或蘋果酒（酒精濃度小於或等於 5%）/150ml 香檳

🥃🍶🍷 3 個（等級 3）= 瓶裝烈性啤酒或蘋果酒（酒精濃度超過 5%）/250ml 葡萄酒

🥃🍶🍷🍸 4 個（等級 4）= 含有低於或等於 50ml 烈酒的雞尾酒

🥃🍶🍷🍸🥤 5 個（等級 5）= 含有 50ml 以上烈酒的雞尾酒

# 測量注意事項

為了達到口味的正確平衡，有些酒譜使用了非常精確的度量數據，但如果你願意的話，當然也可以隨意調整這些數值來滿足個人喜好。

一般說法：2.5ml= ½ 茶匙、5ml= 1 茶匙、15ml= 1 大匙。

# 關於成分的說明

你可能不熟悉某些雞尾酒酒譜提到的成分，這些都可以在網路上或專業供應商處找到，而且非常值得尋找，絕對可以讓你的雞尾酒品味提升一、兩個層級。

# CONTENTS

# 前言 INTRODUCTION

「快拿杯酒來給我，滋潤我的頭腦，讓我可以說點聰明的話。」

——阿里斯托芬，古希臘喜劇作家

嗯，沒錯。我們引用了古希臘傳統喜劇裡的一句聰明對白，來介紹這本書。

太做作了？當然有一點。但它顯然可以為本書賦予些許的莊重感，當然並不是說這本書要有多嚴肅才行，但如果說這本書真的有點什麼的話，那就是它真的太穩重了——事實上，就在稍後幾頁，就會有一整天的時間專門紀念艾薩克・牛頓，這位真正發現「重」這個東西的人——因為當時有顆蘋果（可以作成蘋果酒）掉落到他的頭上。

這還只是這本充滿精選酒種以及各種迷人且特別的酒類真實故事「年鑑」裡，所提到的 366* 個精彩條目之一。

其他的故事包括專為「全國長頸鹿日」準備的白蘭地蘇打雞尾酒；歐巴馬和曼德拉就職典禮上都供應的南非氣泡酒；一種阿爾卑斯山上修道院利口酒，靈感來自於一個真的吃下了整架飛機（含零件）的傢伙；還有一款琴酒雞尾酒是為了紀念將猴子睪丸縫到一位法國人臉上的人。還有，如果你一直想知道為什麼「牽牛花費士」（Morning Glory Fizz）雞尾酒，最適合用來對戴著土耳其帽（我是說作者不是說你）撰寫《放屁史》的人敬酒，那麼這本書一定就是你一直在尋找的書。

這本厚重鉅作是我們 40 年來奉獻給「喝酒」所完成的巔峰之作——也就是一場對於各種美妙的、發酵形式的酒精，進行寫作、研究和學習的歷程。自從 20 年前我們在一家專門介紹酒吧的報社工作相識至今，已經環遊世界造訪過無數釀酒廠、啤酒廠和釀酒師們……幫你省卻了那些舟車勞頓。

這種絕無私心的堅定飲酒承諾，把我們帶到了一些世界上最好（和最差）的飲酒地點，從時髦的雞尾酒館和骯髒的廉價酒吧，到蘭姆酒小屋、可疑的南非黑人小酒館、可愛的老酒吧等，還有對當時所有相關人士都很不幸的禁酒令時期地

---

* 閏年的 2 月 29 日是本書免費贈送的，不客氣。

下酒吧，那裡有穿著時髦的人士，會用舊打字機接受你的訂單。

深入研究飲酒歷史後，我們吸收了創造出這些酒的人物、地點和過去，將它們融入我們的現場單口喜劇品酒表演中。在過去 10 年左右的時間裡，擴展了超過十萬名入場觀眾的飲酒視野。

沒有人喜歡炫耀，但我們確實很了解我們的專業——我們所能告訴你關於酵母菌株（可用於麵包和酒）的知識，足以寫滿一本比這本書還厚得多的書。然而這種書不是任何人都想買（或都想讀，或 .... 事實證明，都想出版的）。

身為酒類方面的專家，我們當然確實意識到酒精的潛在危害，以及其《化身博士》（Jekyll & Hyde，傑基爾博士喝了自己調製的藥劑，會分裂出邪惡的海德先生）般的特徵。因為酒精是個善變的傢伙，前一分鐘還是你的靈魂伴侶，下一分鐘就讓你變成精神病患，喝上幾杯就可能從忠實的朋友變成可怕的敵人。

我們知道飲酒不當和過量飲用時，可能會導致各種惡作劇、痛苦和不幸事件。但只要保持一定程度的敬畏和尊重，適度享受的話，我們誠摯地相信「喝酒」是生活中真正的一大樂趣。

更重要的是，喝酒不該被「定罪」。多年來，酒的名聲一直不好，並被指責為許多社會弊病的罪魁禍首，但酒精飲料真的不需要成為一種「內疚」的享受。

為了預防你感到內疚，我們在接下來的兩百多頁中，匯集了 366 個極具說服力的理由，每一天都有驚心動魄的故事、引人入勝的奇聞軼事以及令人驚嘆不已、與喝酒相關的「你知道嗎 ....」等，這些故事會讓你的朋友留下深刻印象，讓你看起來比現在的你已更有趣也更有見識。

我們推薦的每種酒都附有調製所需的成分和說明，以及酒精濃度的指示，可以協助各位遵循我們「一天一則酒知識」口號：喝少，喝好。

我們必須強調，這些酒精的估計值只是一般通則。我們絕不建議你每天都喝酒，那是愚蠢的行為。反過來說，請各位運用你的常識，在品酒時謹慎控制份量。

乾杯！

*班與湯姆*

# 1月
## JANUARY

### JAN 1 巴斯紅色三角成為英國史上第一個商標
（一八七六年）

巴斯淡艾爾啤酒 BASS PALE ALE

當你在宿醉中醒來，最不想聞到的，應該就是由一品脫巴斯淡艾爾啤酒所帶來的淡淡「伯頓搶奪」（Burton snatch）味。 這種獨特的「搶奪」味，已成了特倫特河畔伯頓啤酒的代名詞。它是一種微妙的硫磺氣味，從流經該鎮的硬水所產生（譯註：因為水中富含硫酸根離子）。

當英國還是一個趾高氣揚的日不落帝國時，巴斯淡艾爾啤酒被裝在飾有代表性紅色三角形的棕色瓶子中，出口到世界各地（並被各地酒商模仿），該商標也於 1876 年成為英國的第一個商標。

這個「三角形」商標還因出現在愛德華·馬奈（Édouard Manet）1882 年的畫作〈女神遊樂廳的吧台〉（A Bar at the Folies-Bergère）中而廣為人知。畫中的啤酒來自伯頓而非巴伐利亞釀造，表現出普法戰爭後幾年，巴黎咖啡館裡還普遍存在的反德情緒。

拿破崙（見 5 月 18 日）認為巴斯啤酒「真是棒」（trés bon），並因此試圖在巴黎建立一家類似的啤酒廠，不過當他意識到法國水質無法重現「伯頓搶奪」的獨特硫磺味時，便只能放棄了這個想法。

### JAN 2 愛莉卡·羅伊在特威克納姆上空裸奔（一九八二年）

裸體女士啤酒 NAKED LADIES，特威克納姆艾爾酒廠

讓我們面對現實吧，英式橄欖球的確有點無聊。沒有人真的了解規則，而且在比賽的大部分時間裡，球都被藏在一堆球員的身體下面。陣列爭球（譯註：Scrum，兩隊列陣擠著爭球）看起來就像一群胖子在尋找搞丟的鑰匙，中間經過這一場不太情願的推擠後，結束於一個身材矮小的優雅男人，將罰球踢過門柱。

1982 年，當英格蘭隊與澳洲隊比賽時，太過無聊的賽況激發了愛莉卡‧羅伊（Erika Roe）女士的情緒，她解開了胸罩並成功衝進球場。在特威克納姆球場進行的這場兩分鐘上身裸奔，被認為是歷史上最具代表性的事蹟之一。不論是為了銘記這個重要時刻的回憶或乳房（註：emory 與 mammary 諧音），都值得我們喝下一品脫來自特威克納姆優質啤酒廠（TwickenhamFine Ales）的「裸體女士」啤酒，這家啤酒廠距離該體育場不到一英里。

## JAN 3 ｜ 喬治‧華盛頓在普林斯頓戰役中騙倒英國人
### （一八七七年）

**波本郡司陶特 BOURBON COUNTY STOUT，鵝島酒廠**

普林斯頓戰役（The Battle of Princeton）見證了美國軍隊如何一舉擊敗英軍，將他們攻打得出其不意。

在這場美國獨立戰爭裡意義非凡的重大戰役中，喬治‧華盛頓將軍和他的 5 千名士兵，熊熊燃燒的以假營火誘敵，欺騙了查爾斯‧康沃利斯將軍（General Charles Cornwallis，一位胖嘟嘟、畢業自伊頓公學的老貴族）所率領的英國軍隊，並從後方成功突擊。

鵝島酒廠（Goose Island）的「波本郡司陶特」，融合了華盛頓最愛的兩種飲料（波特酒和威士忌），並將其置於美國多家威士忌釀酒廠的不同木桶中，再熟成 9 個月。最後的結果便是酒精濃度為 15% 的醇厚之作，入口是草醛、黑巧克力香橙和焦煙熏篝火咖啡味融合的一場風味漩渦，正如是華盛頓的士兵們在打敗英國人後。

## JAN 4 艾薩克 · 牛頓的生日（一六四三年）

### 雅詩沛一級園蘋果氣泡酒 ASPALL PREMIER CRU 🏷🍾🍷

艾薩克 · 牛頓爵士（Sir Isaac Newton）是科學家中的科學家，他被愛因斯坦視為古往今來最聰明的人。牛頓並不滿足於發展重力理論而已，他還引入運動定律（成為物理學的基礎），也在望遠鏡的發展中發揮了重要作用——因為很明顯的，望遠鏡非常值得所有人深入研究。

眾所周知，在牛頓試圖理解光學時，他把一根鈍針刺進自己的眼睛——從這點看來，他似乎也不像大家所說的那麼聰明。據說一顆從樹上掉下來的蘋果，激發他的靈感而發現了「重力」，而我們正在享用的「雅詩沛一級園蘋果氣泡酒」，便是從艾薩克的出生地薩福克郡一帶所釀造。

清爽美麗的氣泡，絕對會比用鈍針刺入眼睛，更令人愉悅。


## JAN 5 歐內斯特 · 沙克爾頓爵士辭世（一九二二年）

### 薛克頓南極冰封復刻版純麥威士忌，格蘭莫爾酒廠
### MACKINLAY'S RARE OLD HIGH LAND MALT 🏷

年輕時的歐內斯特 · 薛克頓爵士（Sir Ernest Shackleton）經常站在酒吧外，吟唱著酒精的罪惡。

但到了 1907 年，剛滿 33 歲的他，對酒精的態度改變了。

他清楚意識到酒精是友誼的重要催化劑，於是他帶了一堆酒，展開著名的南極探險之旅。

這些酒裡包括來自格蘭莫爾酒廠（Glen Mhor）的 25 箱（3 百瓶）十年麥肯雷稀有老高地麥芽威士忌。埋藏了一個世紀後，直到 2006 年時，才在薛克頓位於羅伊茲角的南極小屋下方冰層中的三個破裂箱子裡被發現。幸好這些威士忌的狀況良好：因為較高的 47.3% 酒精濃度，使其得以保存下來（如果酒精濃度在 40% 以下就會結冰）。

5 年之後，懷特馬凱酒廠（Whyte & Mackay）推出一款由一系列高地麥芽威士忌（包括已於 1983 年關閉的格蘭莫爾酒廠）所製成的複刻版威士忌。

最好加冰塊享用——這是一定要的。

# JAN 6 | 聖女貞德的生日（約一四一二年）
## 柑曼怡 75 雞尾酒 GRAND

據說聖女貞德在很小的時候，就有天空中的聲音跟她說話。最初他們談論的大多是 13 歲女孩談話時經常會有的閒聊：小馬、公主、滿臉青春痘的男孩等等。

但等她逐漸成長時，這些聲音變得越來越嚴厲和具體，開始要求她把英國人趕出法國，結束多年的英法戰爭。

就連葛蕾塔・桑伯格（Greta Thunberg，瑞典環保少女）也會承認，這種要求對一個十幾歲的女孩來說實在太高。然而聖女貞德腦海中的聲音並未停歇，在她生命的最後階段，因異端罪而受審時，她還回憶著：「我聽到上帝的聲音⋯⋯就在夏天的中午左右，在我父親的花園裡⋯⋯從右側一直到教堂裡。」

貞德並沒有奇怪上帝為何出現在她父親的花園裡，而是掌管了法國軍隊，並拒絕接受部隊裡任何人不守規矩。例如她禁止士兵對妓女說髒話或過於友好，還曾因一名蘇格蘭士兵吃偷來的「牛排」而搧了他一巴掌。當然，這絕不會是她最後一次遇到熱「樁」的問題（Steak 牛排與 Stake 樁的諧音地獄梗，因為聖女貞德最後被綁樁燒死）。

雖然法國人稱讚貞德是贏得英法百年戰爭關鍵的無畏戰士，但她其實從未真正上過戰場，甚至還被英國人俘虜，並因穿男裝而被叛死刑。

最後，她被迫穿上裙子，手握十字架，留著至今仍然很流行、相當俐落的「鮑伯頭」髮型，年僅 19 歲就被燒死在火刑樁上。

由於貞德出生於香檳區，我們就以稍微變化過的「法式 75」雞尾酒來讚嘆她的生命。在這款柑曼怡中，我們使用柑曼怡香橙甜酒來代替琴酒。附帶一提據說法式 75 雞尾酒是以第一次世界大戰中，法軍使用的 75 毫米口徑大型野戰炮命名。

## JAN 7 ｜ 吉布森「飛行 V」吉他設計註冊專利（一九五八年）

吉布森馬丁尼 GIBSON MARTINI

　　直到 1958 年之前，所有吉他幾乎都是傳統的沙漏形狀。但在這一年之後，擁有美妙名字的吉他設計師賽斯洛佛（Seth Lover）創造出吉布森「飛行 V」（Flying V）吉他：一把全新的「現代主義」頂尖設計吉他於焉而生，被譽為有史以來最具革命性的電吉他。

　　「飛行 V」在 60 年代並未真正飛行（暢銷），後來在馬克・波倫（Marc Bolan，暴龍樂團）、比利・吉伯森（Billy Gibbons，ZZ Top 樂團）、藍尼・克羅維茲（Lenny Kravitz，他在自己最出名的歌曲〈你要和我一起嗎 Are You Gonna Go My Way〉的 MV 中，就拿著一把「飛行 V」），加上范海倫樂團（Van Halen）的艾迪・范海倫（Eddie Van Halen，最為人知的應該是他在麥可傑克森「Beat it」裡的吉他 solo）的推動下，才終於在硬式搖滾中佔有一席之地。

　　在這些搖滾傳奇人物手中，吉他的形狀就像是他們對那些 " 大人物 " 做出的 V 形手勢，如同這款馬丁尼雞尾酒一樣，以「吉布森」為名，配上兩顆雞尾酒洋蔥（小顆珍珠洋蔥）而非橄欖。這是 20 世紀早期的雞尾酒作品，據說是以豐滿的「吉布森女孩」（Gibson Girls，鋼筆插畫家吉布森所繪製的理想女性身體）而命名，兩顆洋蔥代表的是她們的外表特徵。

## GIBSON MARTINI

*60ml 琴酒 | 15ml 乾香艾酒（Vermouth）| 冰塊 | 2 顆雞尾酒洋蔥*

· 在攪拌杯中加入琴酒、香艾酒和一些冰塊加以攪拌，濾入馬丁尼杯中，再以兩顆雞尾酒洋蔥裝飾。

## JAN 8 | 大衛鮑伊的生日（一九四七年）

### 冷港拉格啤酒，布里克斯頓啤酒廠
### COLDHARBOUR LAGER

雖然大衛鮑伊（David Bowie）年少時僅有一科通過「普通教育測驗」（譯註：O Level，Ordinary Level，類似普通高中學科能力測驗），另一眼看起來也略顯歪斜，不過他的生涯表現相當出色。

鮑伊成為了華麗搖滾的創始教父，還在柏林發明創新的電子音樂，更跨足放克音樂同時自創「塑膠靈魂樂」，並以堅定不移的求知慾和非凡的重塑自我能力為基礎，不斷突破音樂藝術的藩籬，直到 2016 年去世為止。

順帶一提，他在《魔王迷宮》和《海綿寶寶》的客串表現也很精彩。

不出所料，鮑伊最喜歡的飲料之一果然有點古怪：Schelvispekel，意思是「黑線鱈鹽水」，這是漁民經常飲用的一種辛辣的荷蘭利口酒，以白蘭地和香料製成（幸好不是真的用了黑線鱈）。

不過，這種酒聽起來仍然令人噁心，所以讓我們回到鮑伊的出生地，這裡有來自布里克斯頓啤酒廠（Brixton Brewery），一直為人喜愛的拉格啤酒，而且這家啤酒廠的原址，距離鮑伊的家只需走路十分鐘。

「冷港拉格啤酒」以當地代表性的布里克斯頓街（亦即鮑伊去世當天，大批歌迷聚集舉行悼念派對之處）命名，這是一款專為終極波西米亞人所打造的波西米亞風味啤酒。它未經過濾、未經高溫消毒、未精製（適合素食主義者），風味

完美平衡，並且是由兩種德國啤酒花製成（剛好向鮑伊的柏林歲月致敬）。

## JAN 9 | 賈伯斯推出第一代 iPhone（二〇〇七年）
金蘋果雞尾酒 GOLDEN DELICIOUS

2007 年的這一天，當蘋果首席科技怪客史蒂夫・賈伯斯（Steve Jobs）推出 iPhone 時，整個地球便開始被這些「技客」（geek）掌控了。

因為 iPhone 被許多人譽為 21 世紀最重要的文化發明，但也有人抱怨它就像對「酒吧聊天」帶來的一場瘟疫，以一種當時很少有人能預料到的方式，改變了整體人類的行為。

不過，請先收起你的智慧型手機，跟著我們享受這款來自諾曼第的美味飲品，以這種終極的「諾曼」雞尾酒（Norman Conquest，與 Golden Delicious 同為蘋果雞尾酒類型），向史蒂夫・賈伯斯致敬。

---

### GOLDEN DELICIOUS

*40ml 卡巴度斯蘋果酒（Calvados Selection）| 10mlH by Hine 御鹿干邑白蘭地 | 30ml 陳年白波特酒（aged white port）| 10ml 威廉梨味利口酒（Poire Williams liqueur）| 3 長滴\* 桃子苦精（peach bitters）| 冰塊 | 蘋果片裝飾*

· 將所有原料倒入裝冰塊的杯中攪拌冷卻，濾入冰鎮的短飲杯中，並以蘋果片裝飾。

\*Dash，在調酒上指的是用苦精瓶口甩一下，一般說法是 1 Dash 甩 = 10Drop 滴，以下均以「長滴」來取代「甩」，較容易理解。

---

## JAN 10 | 印度茶首次在英國銷售（一八三九年）
伯爵茶馬丁尼 EARL GREY MARTINI

在英國，很少有問題是「泡上一壺茶」不能解決的。近 4 百年來，茶一直是

英國文化的基石，自從在幾個世紀前取代啤酒和琴酒的地位以來，它一直是這個國家最受歡迎的飲料。

英國人最初喝的茶來自中國，後來一位名叫羅伯特·布魯斯（Robert Bruce，不，不是那位。譯註：不是蘇格蘭王勞勃一世）的蘇格蘭探險家，最先向印度上阿薩姆邦地區的茶農進行遊說。1824 年在他去世後，他的弟弟查爾斯接管了一個阿薩姆植物苗圃進行培育，並於 1837 年將茶葉樣本裝箱送到倫敦。

這些印度茶葉箱於 1839 年首度進行拍賣，每位參與競標的人都喝了甜美的 cuppa（譯註：一杯茶之意）來慶祝。

好吧，我們要介紹的並非印度茶，但是這款灌注高級茶香的豪華馬丁尼雞尾酒真的很棒。

---

### EARL GREY MARTINI

*50ml 琴酒 | 35ml 冷濃伯爵茶 | 20ml 檸檬汁 | 15ml 糖漿（sugar syrup）|*
*½ 顆散養雞蛋白 | 冰塊 | 檸檬皮捲，裝飾用*

· 在調酒器中將所有材料（裝飾物除外）與冰塊一起搖勻，雙重（Double-strain，二次）濾入馬丁尼酒杯中，再加檸檬皮捲裝飾。

---

## JAN 11 | 摩斯密碼問世（一八三八年）

### 三點一線雞尾酒
### 'THREE DOTS AND A DASH' COCKTAIL

幾乎沒有人使用摩斯密碼了，因為它已被其他通訊工具取代，例如電話、網路、信鴿和大聲喊叫等。當初這個嶄新的通訊想法是來自著名肖像畫家兼聰明人塞繆爾·莫爾斯（Samuel Morse）的創意，這是他在騎馬的信差告知他妻子生病的消息後所產生的想法。可惜的是，由於過了很長一段時間才收到妻子生病的消息，當他到家時妻子不僅已死，也被埋葬了。馬訊（註：馬 Horse 與摩斯密碼 Morse

的諧音梗）實在太慢了！

　　摩斯密碼首次在紐澤西州莫里斯敦的史皮德韋爾煉鐵廠（Speedwell Ironworks）對著幾百個人公開展示，傳送的訊息是「火車剛到站，345 名乘客。」

　　大家熱烈鼓掌。

　　「三點一線」雞尾酒由提基（tiki，譯註：熱帶風格調酒）教父唐・比奇（Don the Beachcomber，見 2 月 22 日）所創，這是以摩斯密碼「V」的打法命名—代表勝利之意。

---

### THREE DOTS AAND A DASH

*45ml 法式蘭姆酒（rhum agricole）| 15ml 金蘭姆酒（golden rum）|*
*7.5ml 庫拉索酒（dry Curaçao）| 7.5ml 法勒南利口酒（falernum liqueur）|*
*15ml 萊姆汁 | 15ml 柳橙汁 | 15ml 蜂蜜糖漿（2 份蜂蜜，1 份水）| 2 長滴安格仕*
*苦精 | 碎冰 | 鳳梨葉、鳳梨片、一朵蘭花和三顆白蘭地櫻桃作為裝飾*

・將所有原料（裝飾物除外）在雞尾酒調酒器中與碎冰一起短暫搖勻，濾入裝滿
　碎冰的提基杯中。
・用鳳梨葉、鳳梨片、一朵蘭花和三顆白蘭地櫻桃裝飾，即可上酒。

---

## JAN 12 ｜ 紅髮親吻日

### 國王薑汁熱蘋果酒
#### KING'S GINGER MULLED CIDER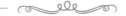

　　愛德華七世是一位並不珍惜羽毛的國王級玩家。他把時間花在打高爾夫球、射殺動物、在身上刺青、與情婦上床、抽雪茄以及穿戴各種最新時尚（尤其是花呢絨）的美好生活中。

　　他也喜歡開著他的戴姆勒敞篷車開逛，這點為御醫帶來了工作壓力，於是他們製作了一種熱利口酒來幫他保持溫暖。

# JAN 13 | 馬可潘塔尼的生日（一九七〇年）
## 自行車雞尾酒 THE BICICLETTA

義大利人馬可潘塔尼（Marco Pantani）身高 170 公分，體重 56 公斤，是公路自行車運動中最具魅力、最迷人的登山賽者之一。然而，就像他熱愛的山地賽事一樣，他的生活充滿了戲劇性的高低起伏，既光榮又悲慘：他在 2004 年被禁止參加最喜愛的這項運動後，疑因吸食古柯鹼過量而死。

他擁有最理想的輕量級體格，非常適合高速騎著自行車爬上陡峭山坡。他那種浪漫的、拼死拼活的騎車風格——一種理想主義、不切實際、偏重直覺而非戰術的方式——使他成為眾人崇拜的英雄。

誇耀的風格、頭巾和耳環等，為他贏得「海盜」（El Pirata）的封號。他還擁有豐富的其他業餘興趣，包括繪畫、寫詩和在酒吧裡用吉他為女人唱小夜曲等。

潘塔尼的雕像就矗立在義大利北部倫巴第大區的蒙泰坎皮奧內山頂，這是因為他在 1998 年環義自行車賽事期間，在最高點 1,541 公尺的騎手攀登過程中擊敗對手的事蹟。他在衝過終點線時以閉著眼睛，雙臂高舉的姿勢，迎向整場比賽的勝利時刻。

在義大利的這個地區，剛好也是「自行車雞尾酒」的起源地。這款調酒的歷史可以追溯到 1930 年代，據說是以飲酒者喝醉後騎自行車回家搖搖晃晃的樣子而命名。

---

### THE BICICLETTA

*冰塊 | 50ml 金巴利酒（Campari） | 75ml 白酒 | 蘇打水 | 檸檬片裝飾*

· 將所有原料放入杯中，加入冰塊，飾以半片檸檬。

---

## JAN 14 | 諾曼·基斯·柯林斯的生日（一九一一年）
### 諾曼柯林斯雞尾酒 NORMAN COLLINS COCKTAIL

　　諾曼·基思·柯林斯（Norman Keith Collins），又名水手傑瑞（Sailor Jerry），是一位相當知名的「刺青」先驅。他小時候在偷搭火車穿越美國時學會如何紋身，後來當海軍駐紮東南亞時，更磨練了自己的紋身技術，接著從當時最具天賦和創新性的日本紋身藝術大師霍里斯（Horis）的作品裡，發掘出自己的創作靈感。

　　離開海軍後，柯林斯定居在檀香山最惡名昭彰的酒店街，這裡有數以千計的上岸休假美國軍人，打算透過酒精、紋身和吧女溫柔鄉來逃避戰爭的可怕。

　　在 1940 到 50 年間，他巧妙地將美國和亞洲的影響相互結合，創作出大膽、陽剛並帶有幽默、傲慢感的藝術作品。他在店門上掛了一塊牌子寫著：如果你認為自己沒膽子紋身就不要紋，但別想嘲笑紋身的同僚來為自己找藉口！牌子底下的簽名是：「謝謝……水手傑瑞。」

---

### NORMAN COLLINS COCKTAIL

*50ml 水手傑瑞蘭姆酒 | 25ml 萊姆甜酒（lemon cordial） |*

*25ml 檸檬汁 | 冰塊 | 蘇打水，注滿用 |*

*將檸檬皮旋切後串在雞尾酒牙籤上，並用櫻桃裝飾*

· 將蘭姆酒、甜酒和果汁放入調酒器中加冰塊搖勻，濾入裝滿新冰塊的柯林杯
（Collins glass）中。加滿蘇打水，並用檸檬皮捲和櫻桃裝飾。

---

## JAN 15 | 波士頓糖蜜災難（一九一九年）
### 蘭姆古典雞尾酒 RUM OLD FASHIONED

1919 年，波士頓北區一個裝有一千萬公升「糖蜜」（molasses。譯註：製糖後留下的液體，營養豐富）的巨型鋼筒發生爆炸，據說引發了 8 公尺高的糖蜜海嘯，並以每小時 35 英里的速度席捲了整個城市。事件造成 21 人死亡，150 人嚴重受傷，鐵軌撕裂、房屋摧毀等。一切當然都很悲傷，不過那是很久以前的事，是時候用傳統的糖蜜協助我們繼續前進了。

---

### RUM OLD FASHIONED

*5ml 糖漿 | 2 長滴安格仕苦精（Angostura bitters）| 75ml 外交官精選珍藏蘭姆酒（Diplomático Reserva Exclusiva Rum）| 橙皮，擠汁用 | 冰塊*

- 將糖漿和苦精倒入威士忌杯（rocks glass，亦稱古典杯）中，加一塊冰塊攪拌。接著加入約 20ml 蘭姆酒和另一塊冰塊，繼續攪拌。然後加入冰塊和蘭姆酒，一次一點點，持續攪拌，一直到加完所有蘭姆酒。接著再次攪拌，然後將橙皮油擠到飲料上。放入橙皮，再攪拌一下即完成。

---

## JAN 16 | 「恐怖伊凡」加冕為俄國沙皇（一五四七年）
### 伏特加 VODKA

恐怖伊凡確實很恐怖。這位 16 世紀的沙皇或許擴張了俄羅斯帝國領土，也統一了分裂的國家，但他根本不是個好人。

他不但放出訓練過的熊來攻擊僧侶，還把小狗從樓頂扔下來，而且任何質疑這種暴行的人，都會被「特轄軍」（oprichniki）找上門。這是一群身穿黑衣的騎兵，他們會很病態的活活烤死受害者。

「伏特加」激化他的偏執，認為自己的兒子正在密謀暗殺他並奪取王位，於

是他一怒之下把兒子殺了。事實證明，他的兒子並未做任何暗殺的謀劃，伊凡只需罰他面壁思過或者打他屁股即可。

「恐怖伊凡」伏特加跟同名的這位暴君的不同之處在於，事實上它喝起來非常順口。這是一種「特優」（Osobaya）伏特加，製造地在莫斯科（跟伊凡一樣），而且一定會比從樓頂「扔下」小狗，更容易「滑下」你的喉嚨。

## JAN 17 ｜ 禁酒令頒布（一九二○年）
南方瑞奇 SOUTHSIDE RICKEY

就在一百多年前，美國頒布了禁酒令，一項為期 13 年的強制禁酒期，也是一場徹底的災難。

除了造成大量人員死亡，組織犯罪猖獗，政府也損失了總計 110 億美元的酒稅收入，加上 3 億美元的禁酒令執行成本，都讓美國社會瀕臨崩潰。

禁酒時期，最著名的雞尾酒是南方瑞奇（Southside Rickey，簡稱 Southside），這是一種非法琴酒，據說包括艾爾‧卡彭（Al Capone）在內的芝加哥黑幫都喜歡喝。這種琴酒的味道粗糙，需要用甜味來掩飾。不過，千萬不要當面告訴卡彭這點，他會用球棒砸碎你的頭！

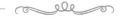

### SOUTHSIDE RICKEY

*60ml 琴酒 | 30ml 萊姆汁 | 15ml 糖漿 | 6 片薄荷葉 | 冰塊*

· 將所有材料在雞尾酒調酒器中加入冰塊搖勻，再濾入裝滿冰塊的無腳杯（tumbler，沒有細長杯腳的杯型）中。

## JAN 18 ｜ 喬治克隆尼擔任聯合國和平大使（二○○八年）
卡薩明戈阿內霍龍舌蘭酒 CASAMIGOS ANEJO TEQUILA

眾所周知，身為世界上最英俊的男人之一，算是一份全職的工作。其中包括梳化、保養、每天游泳加強核心部位，還有經常在重要部位塗抹爽身粉等。

然而不知何故，傳奇「天菜」喬治克隆尼仍然能抽空贏得奧斯卡獎、擔綱演員、導演、製片、一般咖啡廣告，以及作為聯合國和平大使，展開重要的人權工作。

2014 年，喬治在與艾瑪‧阿拉穆丁（Amal Alamuddin）訂婚兩天後，結束了他在聯合國的職務。阿拉穆丁是一位國際知名的大律師（所以夫妻間不是只有喬治會煮咖啡。譯注：barrister 律師與 barista 咖啡師的諧音梗），也是人權活動家。讓我們面對現實吧，其實她更有資格擔任聯合國和平大使。

在喬治全心致力於人道主義事業時，他還在 2013 年推出了「卡薩明戈」（Casamigos），一整個系列的優質龍舌蘭酒。請加冰塊來享受這款陳年、琥珀色的「阿內霍」（譯註：anejo 是龍舌蘭的一種，必須放在不超過 6 百公升的橡木桶陳釀一年以上）。


## JAN 19 | 環法自行車賽正式舉辦（一九〇三年）
### 咖啡與香檳 COFFEE AND CHAMPAGNE

環法自行車賽是來自亨利‧亨利‧德斯格朗吉（Henri Desgrange）的精彩創意，他擁有《汽車報》（L' Auto）這家體育報紙，目前已更名為《隊報》（L' Équipe）。

德斯格朗吉不顧一切地搶在其體育競爭對手《自行車報》（Le Velo）之前，宣佈在法國舉辦為期六天的自行車穿越法國比賽，賽段長得離譜，總計長達 17 個小時的賽段。

騎士們除了用酒精來幫助自己騎車，還會在沿途的當地酒吧尋找食物。雖然賽事的競爭對手們都喝著濃烈的紅酒，但史上第一位環法冠軍「煙囪清潔工」莫里斯‧加林（Maurice Garin）卻採用不同的方法，他曾說是「咖啡和香檳」的結合，讓他獲得了勝利。

我們還是建議你分開飲用，一個喝完再接著喝下一個。

# JAN 20 巴拉克・歐巴馬就職演說（二〇〇九年）

索菲啤酒 SOFIE，鵝島啤酒廠 🖾

超過一百萬名滿懷期待的美國人齊聚華盛頓國會山，聆聽第一位非裔美國總統的就職演說。

歐巴馬在演說裡呼應了林肯倡導的超驗法則，並喚醒甘迺迪的精神，再以馬丁・路德・金式的簡潔輕快語言，發表了一場熱情、深刻而務實的演說。

歐巴馬的雄辯中還談到了犧牲和受苦，最重要的是，他像成年人一樣地對美國人說話：「我們仍是一個年輕的國家，但借用聖經的話來說，擺脫幼稚事物的時刻到來了。」

9 年後川普當選總統，他才更像是個外表成熟、內心幼稚的男孩。

如果事物有著相當令人不快的酸味時，我們建議你飲用一種更令人愉悅的酸味來取代。芝加哥鵝島啤酒廠的「索菲啤酒」是一款不凡的季節風格啤酒，也是你踏入「酸啤酒」世界的理想入門磚。

# JAN 21 《史岱爾莊謀殺案》出版

（一九二〇年，這是白羅出現的第一部小說）

偵探 – 司陶特黑啤酒，埃勒澤盧瓦斯啤酒廠
HERCULESTOUT 🖾🍾🍷

阿嘉莎・克莉絲蒂（Agatha Christie）的推理小說銷售量高達 20 億冊，只有上帝（著名的《聖經》作者）和莎士比亞的書籍銷售量，才能超越克莉絲蒂。赫丘勒・白羅（Hercule Poirot）是她書中一位才華橫溢、留著捲鬍的比利時偵探，深受讀者喜愛。但眾所周知，克莉絲蒂對白羅應該是厭惡的，因為克莉絲蒂把他形容成一個「可惡的、誇張的、令人厭煩的、以自我為中心的小怪人」。

多年來，包括約翰・馬科維奇（John Malkovich）和奧森・威爾斯（Orson Welles）在內的眾多偉大演員，都曾扮演過白羅。大衛・蘇切特（David Suchet）

更以扮演這位聰明的比利時小矮人著稱，他會在股溝中間夾著一枚硬幣，來練習這位偵探獨特的小步幅走路方式，不過這個「技巧」顯然是從勞倫斯・奧立佛（Laurence Olivier）那裡學來的。

克莉絲蒂在書中刻意對白羅的出身含糊其辭，但人們普遍認為他的出生地是比利時的埃勒澤勒斯鎮（Ellezelles），這裡也是優秀的埃勒澤勒瓦斯啤酒廠（Ellezelloise Brewery）和他們經典的「偵探 - 司陶特黑啤酒」的製造地：這是一種平順、厚實、帶有像天鵝絨外套般的焦糖、可可和濃縮咖啡混合的一場漩渦。在 9% 的酒精濃度下，只要喝個幾杯，就能像白羅一樣解決所有問題了。

# JAN 22 ｜ 維多利亞女王辭世（一九〇一年）
## 皇家沙瓦 ROYAL SOUR

維多利亞女王統治時期，可以說是英國歷史上最輝煌的時期。

在維多利亞「掌權」下，英國幾乎主導了全球舞台。它在經濟和工業方面令全世界羨慕，英國人甚至還經常在板球比賽中擊敗澳洲。

儘管維多利亞女王身材矮小，只有 124.5 公分，但她卻是一位出色的酗酒狂，她最上癮的毒品就是威士忌和紅酒的異常混合物，也就是將兩者倒入同一個酒杯中。她還特別偏愛波爾多淡紅葡萄酒（Claret）與馬里亞尼葡萄酒（Vin Mariani），後者是由安哲羅・馬里亞尼（Angelo Mariani）把可可葉浸泡在法國紅酒裡 6 個月所製成的飲料。據稱這是可口可樂的原始配方，每盎司液體中含有 7.2mg 古柯鹼成分。

我們要介紹的今日飲品不含古柯鹼成分。

我們用的是「皇家藍勳」（Royal Lochnagar）十二年威士忌，來取代「皇家沙瓦」（Royal Sour，歷久不衰的紅葡萄酒經典調酒）中的波本威士忌。皇家藍勳是一支清淡、新鮮的蘇格蘭高地威士忌，以其皇家認證而聞名（由維多利亞女王所頒發，詳見 2 月 10 日）。

## ROYAL SOUR

*50ml 皇家藍勳十二年威士忌 | 15ml 檸檬汁 | 15ml 糖漿 | 少許安格仕苦精 |*
*冰塊 | 15ml 紅葡萄酒*

- 在調酒器中加入冰塊搖勻所有食材（紅酒除外）。濾入裝滿冰塊的大玻璃杯中，
  再將紅酒滴在飲料表面。為了確保正統性，請在上面也倒一點可樂。

## JAN 23 ｜ 一年中最憂鬱的一天

藍色夏威夷 BLUE HAWAIIAN

　　根據統計，這天是西方世界的人們感到最憂鬱的一天。但與其相信這種對
著日曆的集體「噓聲」，不如讓我們擦掉流下來的鼻涕，換上《夏威夷之虎》
（Magnum P.I.，80 年代老電視劇）風格的虎皮鸚鵡走私者服裝或比基尼，搭配
蒙哥傑瑞（Mungo Jerry）樂團的音樂，想像自己到了夏威夷的提基酒吧，點了杯
老派的經典藍色飲料。最好在 SAD 光療燈的耀眼光芒中享受。

## BLUE HAWAIIAN

*30ml 百加得淡蘭姆酒（Bacardi Carta Blanca light rum） | 30ml 波士藍柑橘香甜*
*酒（Bols Blue Curaçao） | 90ml 鳳梨汁 | 2 大匙椰子奶油 | 5ml 萊姆汁 | 冰塊*

- 在雞尾酒調酒器中將所有原料加冰塊搖勻，濾入裝滿冰塊的颶風杯（hurricane
  glass）中。

## JAN 24 ｜ 全國啤酒罐日（美國）

菲林佛爾 IPA 啤酒 FELINFOEL IPA

啤酒罐曾經被視為鄉巴佬的笨蛋容器，傲慢的精釀啤酒鑑賞家們會浮誇地拍著啤酒罐蓋，就像對待一個笑著指著飛機、臉上髒兮兮的傻瓜一樣。

然而到了現在，罐頭卻被鑑賞家們視為保存藏酒的理想容器。原因有以下幾個：罐頭不會摔破、比瓶子更輕、更環保、也更適合運輸。更重要的是，罐頭可以讓啤酒在較長時間內均保持一致的新鮮度和風味，以保護啤酒免受陽光和氧氣這兩大敵人的侵害。

早在 1935 年，紐澤西州的克魯格啤酒廠（Krueger's）便正式生產了第一批罐裝啤酒，但在南威爾斯的菲林佛爾（Felinfoel）啤酒廠（家族對鍍錫鐵業有興趣的啤酒廠），在 11 個月之後也效法他們，把啤酒改成錫罐包裝。

最早生產的這些啤酒罐頭現在已經成為收藏品，菲林佛爾為慶祝罐頭生產超過 85 年，製作了用英國啤酒花和威爾士水製成的美式 IPA 啤酒。

## JAN 25 ｜ 彭斯之夜
### 海威斯啤酒黑暗騎士 HARVIESTOUN OLA DUBH

這是彭斯之夜（Burns Night，紀念蘇格蘭詩人羅伯特彭斯）。除了今天，沒有人會容忍這樣一個難以理解的蘇格蘭詩歌之夜，包括聽起來像「寵物店失火」（Fire in a pet shop，譯註：有動物慘叫的詭異爵士樂曲）一樣的風笛，以及根莖類蔬菜的「晚餐」和塞滿板油、鹽和各種碎片的羊胃，最後加上服裝要求嚴格規定「不穿內褲」等。

這是一月耶，雖然我們已經都習慣了，但它到底是從什麼時候開始的呢？

用「Ola Dubh」（譯註：原意為黑油，現在改為較文雅的「黑暗騎士」）向這位男女關係複雜的蘇格蘭詩人致敬。這是一種美味的黑啤酒，其陳釀過程會放在原先的高原騎士 12 年威士忌桶中。

# JAN
## 26

### 蘭姆酒叛變（一八〇八年）

#### 哈斯克純甘蔗澳洲蘭姆酒
#### HUSK PURE CANE AUSTRALIAN RUM 📧

當蘭姆酒第一次出口到澳洲時，竟被當成貨幣來資助建設和抓捕罪犯——你甚至可以用一加侖蘭姆酒買到一個老婆。

蘭姆酒和其他烈酒的交易，帶動了這個國家正在萌芽的經濟，一直到從倫敦派來的新總督，海軍軍官威廉・布萊（William Bligh）到任為止。他曾因在英國皇家海軍邦蒂號（HMS Bounty）叛變期間擔任指揮官而風評不佳。

當布萊這位專業的「芒刺在背者」好鬥地下令禁止酒精作為交易報酬時，嚴重激怒了一些當地知名人士，尤其以喬治・強生少校和約翰・麥克阿瑟少校為甚，因為他們都從酒精交易中賺了大錢。

1807 年，隨著雙方緊張關係加劇，布萊下令逮捕麥克阿瑟，罪名是一起航運上的輕罪。但當麥克阿瑟被保釋後，他和強生竟然帶領新南威爾斯軍團的一整個團，來到布萊家逮捕他，並在接下來兩年裡接手統治這個殖民地。

這也是澳洲歷史上唯一一次軍事政變。

# JAN
## 27

### 莫札特的生日（一七五六年）

#### 莫札特馬丁尼 MOZART MARTINI 📧🍾🍷🍸🥃

沃夫岡・阿瑪迪斯・莫札特（Wolfgang Amadeus Mozart）從各方面來看，都是一位令人惱火的天才小孩。

當他十歲，朋友們都還在畫火柴人時，莫札特已經寫了 16 首奏鳴曲，而且都非平凡作品。到了 15 歲時，他已經創作了 20 首交響曲。在他短暫一生中，創作出《唐・喬凡尼》、《費加洛婚禮》、《魔笛》、《女人皆如此》、許多晚期鋼琴和木管協奏曲等，還有最著名的《安魂曲》，這是在他知道自己快死的時候寫的。

然而，「一閃一閃亮晶晶」（小星星）並不是他寫的，純粹是以訛傳訛的神話。

「莫札特黑巧克力利口酒」（Mozart Dark Chocolate liqueur）源自他的家鄉薩爾斯堡，適合放入超美味的巧克力馬丁尼中。它絕對不是給小孩喝的，當然也不適合早熟的彈鋼琴小孩。

---

## MOZART MARTINI

*50ml 琴酒 | 15g 融化的黑巧克力（可可含量 70%）|*
*25ml 莫札特黑巧克力利口酒 | 碎冰 | 覆盆子，裝飾用*

· 在壺中將琴酒和融化的巧克力一起攪拌至滑順，加入莫札特巧克力利口酒。接著將混合物倒入裝有碎冰的雞尾酒調酒器中搖勻，濾入馬丁尼杯中，最後用覆盆子裝飾。

---

## JAN 28 ｜ 亨利八世去世（一五四七年）

### 庭莫托修道院啤酒 TYNT MEADOW TRAPPIST ALE

在亨利八世即位之前，幾乎所有英國啤酒都是由修道士所釀造，但這位厭女君主在宗教改革期間，終止了這種情況。

與 Jay Z（譯註：嘻哈歌手，常寫厭女歌詞）不同的是，亨利八世面臨許多與他生活中的女性直接或間接相關的問題，這些問題迫使他在 16 世紀解散了所有修道院。

由於沒有僧侶用糖叉來施展釀酒魔法，英國釀酒業從此落入地主和農民等世俗人手中，直到 2017 年，萊斯特郡的聖伯納德山修道院，決定開始釀造英格蘭第一款修道院啤酒（Trappist beer，由修道院僧侶出於善意而製作的啤酒）。

聖伯納德山修道院建於 1835 年，是英格蘭唯一的熙篤會修道院（Cistercian abbey），以前曾經經營過啤酒廠，近年的僧侶們則靠乳牛業賺錢。然而各位應該知道，牛奶根本不再像以前是搖錢樹了。因此，為了延續慈善的「僧侶」事業，他們開始釀造庭莫托修道院啤酒，這是一種美味、酒體醇郁、瓶裝的「Dubbel」（雙倍啤酒，譯註：亦即較濃的啤酒，雙倍啤酒的酒精濃度約在 6-8%）。桃心木色酒瓶，米色酒標；充滿深色水果、巧克力、甘草根和冬季香料的味道，尾韻帶有可愛的堅果味。

## JAN 29 詹姆斯・賈默森的生日（一九三六年）
### 邁夏爾十二星白蘭地 METAXA 12 STARS BRANDY ☒

詹姆斯・賈默森（James Jamerson）是一位極具天賦的貝斯手，一般認為是放克音樂的創始人。他令人印象深刻的低音聲線，推動了傳奇唱片公司「摩城」（Motown）及其旗下著名的放克兄弟（Funk Brothers）樂隊在節奏方面的招牌聲音。該樂隊伴奏過的摩城唱片明星包括史提夫・汪達（Stevie Wonder）、戴安娜・羅斯（Diana Ross）、史摩基・羅賓森（Smokey Robinson）和比爾・威德斯（Bill Withers）等。

當馬文・蓋（Marvin Gaye）錄製他最著名的專輯《What's Going On》（到底是怎麼了）時，堅持一定要賈默森彈貝斯，結果沒人找得到他。於是馬文・蓋在底特律的酒吧四處尋找，直到在當地的一傢俱樂部裡發現了醉倒的賈默森。

馬文・蓋帶著賈默森回到工作室，但他已經喝得酩酊大醉，根本無法在椅子上坐直。於是，醉得神智不清的賈莫森就倒在地板上，平躺著閉上眼睛，演奏出有史以來最優美、悠閒的低音線（bassline，譯註：貝斯彈奏的單獨聲點連成像線一樣）之一。

賈默森聲稱酒精並未削弱他的靈活，反而是讓他的演奏變得更放鬆。他對酒精的耐受力是相當傳奇性的，當被問到為何喝那麼多酒時，他只回答：因為我喜歡酒的味道。

賈默森總是在他的貝斯琴箱裡放一瓶「邁夏爾十二星白蘭地」（譯註：一種希臘白蘭地）：這是雙鍋蒸餾白蘭地的混合，放進利穆贊橡木桶中陳釀至少 12 年，然後與「蜜思嘉葡萄酒」（Muscatwine）以及玫瑰花瓣和地中海香草的浸泡液相互調合。

## JAN 30 英國脫離歐盟（二〇二〇年）
### 康笛龍・蘭比克啤酒 CANTILLON LAMBIC ☒🍾🍷

還有什麼會比在布魯塞爾一個不起眼的角落釀造了幾個世紀的微酸啤酒，更適合紀念英國與歐盟的關係呢？

康笛龍就像個時空扭曲點，比起小啤酒廠來更像是一座博物館。冒著泡沫的大橡木桶斑駁桶壁排成列，高插入發黴、佈滿灰塵的橡架上。鼻孔裡充滿霉味，水管在滴水、軟管綿延、破舊的 19 世紀銅器和木桶發出叮噹聲、翻騰聲，吱吱作響著。

它的啤酒是用空氣中的野生酵母發酵而成，味道霉臭，充滿農家氣息，卻深受啤酒狂們喜愛。但就像歐盟一樣，對它的觀點確實會兩極化。有些人認為這是釀造藝術最異想天開、最具文化氣息的表現，有些人則根本看不出聞起來像山羊味的酸啤酒到底有何魅力？不過，我們喜歡它。

# JAN 31 ｜ 艾倫·亞歷山大·米恩去世（一九五六年）

### 養蜂人啤酒 HIVER BEER

為了紀念小熊維尼的創造者米恩（A. A. Milne，因為他出了名的熱愛蜂蜜），我們為各位介紹「養蜂人金啤酒」（Hiver Blonde），這是由英國養蜂人生產的三種不同蜂蜜所製成的金色麥芽啤酒。

事實證明，蜜蜂是一群迷人的小傢伙。只要它們不受到威脅，就不會蜇你，而且它們還會先抬起一條腿來警告你，這是因為一旦真的蜇了你，它們的臀部就會整個掉下來。蜜蜂有五隻眼睛（每秒可觀看 300 幀畫面，就像高速攝影機一樣），當花朵「感受到」蜜蜂的翅膀（每秒揮動 230 次）震動時，它就會讓自己的花蜜變得更甜。人類所吃的食物有三分之一經由蜜蜂授粉。最誇張的是，大黃蜂的陰莖在射精時會爆炸。

還有，蜂蜜比起抗生素和許多非處方藥，更能治療咳嗽和感冒。然而，它並不能保護你免受世界上最危險的 B（註：Bee 蜜蜂唸起來也是 B）侵害，也就是 B 型肝炎（註：Hepatitis B，諧音梗）。

# 2月
## FEBRUARY

**FEB 1**

## 拜倫勳爵的《海盜》出版（一八一四年）

波爾多紅酒 BORDEAUX

熱烈歡迎「無酒精一月」（Dry January，譯註：跟戒酒有關的英國大型公益活動）棄權者的回歸。請記住，如果你在今年剩餘的時間裡「喝少，喝好」的話，明年一月的整個月你都不需戒酒了。因此，讓我們用中指向戒酒活動說不，並轉而致敬放縱先驅者——拜倫勳爵（Lord Byron）。

在沒創作傳世詩歌的時候，拜倫勳爵也涉足亂倫、喝倒在（死）僧侶頭骨裡的酒、在大學裡養了一隻寵物熊，還有性慾旺盛，讓他在 21 歲時得了各式各樣的小病痛。這些滑稽的舉止讓目前小心謹慎的那些「IG 網紅」，完全變成輕量級人物，因此拜倫勳爵有了一大群追隨者。1814 年《海盜》長詩出版時，在最初 24 小時內就售出一萬本。

儘管拜倫勳爵每天都放蕩不羈，但他在飲酒選擇上相當挑剔，他通常選擇「優質紅酒」或酒體較輕盈的波爾多葡萄酒。傳說在 1821 年時，他曾經參觀了波爾多忘憂堡（Château Chasse-Spleen）莊園，他對這款酒的評價是：還有什麼更好的方法可以消除憂鬱呢！（Quel remède pour chasser le spleen），忘憂堡也由此得名。

今天的忘憂堡的酒依舊會讓詩人滿意：一樣的深沉、溫暖、辛辣和醇郁，就像拜倫勳爵對人性探索的舉動一樣。

**FEB 2**

## 詹姆斯・喬伊斯出版《尤利西斯》（一九二二年）

尊美醇威士忌 JAMESON WHISKEY

詹姆斯·喬伊斯（James Joyce）是 20 世紀最偉大的小說家之一，也是現代主義文學的教父，他對威士忌和酒吧的熱愛，贏得了我們的尊重。雖然研究《尤利西斯》的學者們關注的是它與荷馬《奧德賽》的呼應，但我們更願意認為小說中的主人公利奧波德·布魯姆（Leopold Bloom），並不是從特洛伊戰爭歸來與憤怒的神靈和怪物戰鬥，而是每天日常的做早餐、餵貓、吃早餐、手淫，還有最重要的，去酒吧。

此外，喬伊斯在小說中對去酒吧喝酒的行為進行了熱情的辯護。當喬伊斯寫作時，愛爾蘭正面臨來自英國壓迫者和嚴格禁酒者與日俱增的壓力，要求禁止「招待」（treating，譯註：這一輪酒我請）的傳統。喬伊斯稱讚「這輪我請」是愛爾蘭自治、反抗英國統治的象徵。本質上，他是利用《尤里西斯》來對禁酒運動嗤之以鼻。

喬伊斯是個忠實的酒鬼，他說他在喝酒時最具創造力，而他倒進杯裡的就是「尊美醇愛爾蘭威士忌」。尊美醇激發他的想像力，掃除文學慣例上的蜘蛛網。雖然這也讓他的某些作品對讀者來說難以理解（例如《芬尼根的守靈夜》讀來令人頭痛不已），但他的小說中多次提到最喜歡的酒，尊美醇這個人名甚至還出現在《尤利西斯》中。

尊美醇是在科克的米德爾頓釀酒廠所生產一種經過三次蒸餾的混合威士忌，該釀酒廠也是許多優質混合威士忌和單一麥芽威士忌的生產地。今天我們為了喬伊斯來喝一輪吧。

## FEB 3 | 夏慕尼第一屆冬季奧運會（一九二四年）
### 打雪仗雞尾酒 SNOWBALL FIGHT COCKTAIL

阿爾卑斯山有豐富的精選飲品選擇，從夏翠絲（Chartreuse）或多林苦蒿利口酒（Dolin Génépy）等植物烈酒，到葡萄酒和精釀啤酒都有。即便如此，我們還是用卡魯哇利口酒調製的雞尾酒來紀念這一刻。

*冰塊 | 15ml 絕對伏特加（Absolut Vanilla，香草口味）|*

*15ml 卡魯哇薄荷摩卡利口酒（Kahlúa mint mocha liqueur）| 1 大匙低脂奶油 |*

*少許保樂苦艾酒（Pernod absinthe，選用）| 一枝薄荷裝飾用*

· 將冰塊放入威士忌杯中，倒入香草伏特加、卡魯哇利口酒、奶油和苦艾酒（如果選用的話）。攪拌，完成，再以薄荷枝葉裝飾。

## FEB 4 | SS 政治家號起航（一九四一年）

### 泰斯卡威士忌 TALISKER WHISKY

1941 年，SS 政治家號（SS Politician）貨船離開利物浦前往美國時，除了其他不太重要的零碎貨物外，最主要的就是 26 萬瓶威士忌（約 5 千箱）。然而在航行兩天後，一場暴風雨迫使該船在赫布里底群島的埃里斯凱島擱淺。得知船難事件後，狡猾的當地人侵佔了數以萬瓶的酒，並宣稱根據海上救助法，這些酒等於合法賞金。可悲的是，很掃興的海關稅務官查爾斯·麥科爾並不同意，他以盜竊罪起訴其中一些領頭者，真是個混蛋傢伙。

船的殘骸依舊留在原地，1987 年時，一位南尤斯特當地男子唐納德·麥克菲（Donald MacPhee）打撈出 8 瓶酒，並在拍賣會上以 4 千英鎊（5 千 5 百美元）的價格出售。一年之後，新開張的一家酒吧，為了紀念這個故事而以「Am Politician」（政治家）命名。整個故事啟發康普頓·麥肯齊（Compton Mackenzie）撰寫《荒島酒池》（Whiskey Galore）小說，隨後伊靈工作室（Ealing Studio）將它改編成一部喜劇電影。

大家都做得很好——除了麥科爾，如果你還記得的話，他是個混蛋傢伙。

當你喝到來自斯凱島的合法內赫布里底群島泰斯卡威士忌時，請記得說：「稅務官，怎樣啊」。

# 艾尼亞斯・科菲的蒸餾器取得專利（一八三一年）

## 愛爾蘭威士忌或蘇格蘭調合威士忌
### IRISH WHISKEY OR SCOTTISH BLENDED WHISKY

很難相信愛爾蘭威士忌曾經是世界上最暢銷的烈酒之一，但事實確實如此。所以呢，請相信這件事。歷史記載愛爾蘭人是最早的威士忌釀酒商，到了 19 世紀初，他們的烈酒受歡迎程度還遠遠領先了蘇格蘭威士忌。如果不是因為一系列的錯誤選擇和一堆霉運，今天它可能仍處於領先地位。

英國的壓迫和美國的禁令都是愛爾蘭釀酒廠所面臨的挑戰，但真正讓他們居於領先地位的是他們堅持使用傳統鍋式蒸餾技術的決定。到了 19 世紀初，柱式蒸餾技術使烈酒行業邁向現代化，新型的、閃亮的柱式蒸餾器實現了連續的流程，可以生產出高度精餾的「乾淨」烈酒。其中一位先驅者原先是愛爾蘭稅務員，後來成為工程師，他的名字叫艾尼亞斯・科菲（Aeneas Coffey）。他在 1831 年，取得了由自己研發、華麗的「柱式蒸餾器」概念的專利。

但當艾尼亞斯向其他釀酒廠人士展示他的科菲蒸餾器時，發現他們不太領情。儘管科菲的技術可以用更快的速度和更少的錢，蒸餾出更清爽的烈酒，但愛爾蘭的傳統釀酒廠更喜歡繼續使用較醇郁、美味的鍋式蒸餾液技術。科菲並沒有洩氣，他把他的想法告訴了蘇格蘭人，蘇格蘭人發現他們可以用它來降低烈酒的價格，因此顯然接受了這種蒸餾器。

科菲蒸餾器最終成為蘇格蘭「穀物威士忌」生產的核心工具，當與單一麥芽威士忌混合時，一種好喝的新型調合蘇格蘭威士忌，成為了世界上最受歡迎的威士忌。因此，蘇格蘭人利用愛爾蘭人的科菲蒸餾器來協助製作無「e」的威士忌（譯註：指不同國家的威士忌 whiskey 拼法，有 ky 跟 key 的差別）在全球取得成功，並在此過程中摧毀了愛爾蘭的威士忌產業。如果你看過《大河之舞》（Riverdance。譯註：著名大型踢踏舞表演）的表演，你就會知道愛爾蘭人從那時起就一直在自責（詳見 2 月 9 日。註：原文用 kicking themselves 踢他們自己）。

現在，請隨意用艾尼亞斯的本土愛爾蘭威士忌（或者說實際上是蘇格蘭調合威士忌）來為他慶祝。

## FEB 6 巴布・馬利（Bob Marley）的生日（一九四五年）
### 果醬罐手搖檸檬汁啤酒 JAM JAR HAND SHANDY 🖼️🧃🍷🍸

享受一杯加果醬的雞尾酒。因為，你知道嗎，我們也希望你喜歡「jamming」這首歌（「干擾」，雷鬼樂之父巴布・馬利的歌，jam 亦是果醬之意），就像歌詞唱的：「我們在干擾嗎？不？……哦」

無論如何，蒂姆・菲茨・吉本（Tim Fitz-Gibbon）在英國牛津的拉烏爾酒吧發明了這種飲料。

### JAM JAR HAND SHANDY

*碎冰 | 50ml 渥福精選波本威士忌（Woodford Reserve bourbon）| 25ml 檸檬汁 | 2 茶匙草莓果醬 | 1 茶匙香草注入糖（vanilla-infused sugar）| 蘇打水，草莓裝飾*

- 在空果醬罐中裝滿碎冰。將波本威士忌、檸檬汁、果醬和糖放入雞尾酒調酒器中搖勻，打散果醬混合在一起。過濾冰塊，加上蘇打水，然後攪拌並加入更多碎冰，再用草莓裝飾即完成。

## FEB 7 一名醉漢打破了波特蘭花瓶（一八四五年）
### 壞傢伙愛爾啤酒 DEAD GUY ALE，羅格酒廠 🖼️🍾🍷

再也沒有比 1845 年的這一天，更適合我們的「喝少，喝好」口號了。因為當時一名醉漢在參觀大英博物館時，拿起一件珍貴文物打破了一個裝滿更珍貴文物的玻璃箱，卻連帶撞碎了價值連城的波特蘭花瓶（Portland Vase）。

這個歷史可以追溯到兩千年前的花瓶，以裝飾著裸體人物圖像而聞名，被認為是羅馬玻璃的無上傑作。擁有花瓶的人是第三代波特蘭公爵威廉・卡文迪許 - 本廷克，但他卻奇蹟般地未提告醉漢。

這名醉漢顯然已經喝了好幾天的酒，他的名字叫威廉・勞埃德（後來發現他

的真名其實是威廉・馬爾卡希）。他為了避開都柏林的家人尋找而改名，然而根據經驗，應該有比在倫敦市中心「大英博物館裡打碎文物」更好的保持低調的方法。

難以置信的是，這個花瓶已經被修復並仍在展出中，所以讓我們用來自美國波特蘭的精釀啤酒，慶祝這個快樂的結局吧。波特蘭擁有許多傲人的精釀啤酒傳統。其中一些最好的酒，恰好可以在瑪麗俱樂部（該城有名的脫衣舞俱樂部）喝到。

「為什麼要提到脫衣舞俱樂部？」我們聽到你的問題了。好吧，請原諒我們「脫」了點時間。因為根據去過該俱樂部的人（不是我們）所說，這個歷史悠久的波特蘭酒吧，以其獨特的精釀啤酒菜單而自豪。所以：瑪麗俱樂部在波特蘭（跟波特蘭花瓶同名），裡面提供了奧勒岡州精釀「羅格」（威廉。譯註：羅格酒廠的名稱 Rogue 有流氓醉漢之意）啤酒；而且你會在這裡看到裸體的人（又跟波特蘭花瓶有關）。

羅格（ROGUE）啤酒最早出現在波特蘭南部亞士蘭的啤酒吧，啤酒團隊研發了冒險風格的啤酒。我們最推他們的「壞傢伙愛爾啤酒」（DEAD GUY ALE，原意為死人啤酒），因為大英博物館裡有很多關於死人的故事。而且，當威廉打破波特蘭花瓶時，我們可以想像他的朋友一定說了這樣的話：小子，你死定了！

由於這款啤酒的靈感來自德國五月勃克（maibock）啤酒，所以它帶了點堅果味，也略帶甜味，並帶有一些可愛的紅色果乾的味道，最後留下一點苦澀的尾韻——應該類似於博物館館長口中留下的苦悶味道。

## FEB 8 | 傑克・尼克遜用高爾夫球桿攻擊汽車
（一九九四年）

### 約翰達利雞尾酒 JOHN DALY COCKTAIL

1994 年，偉大的傑克・尼克遜在一場路怒事件中，用高爾夫球桿攻擊了一輛汽車（他為此深表歉意），他聲稱自己選擇了二號鐵桿，因為他在球場上從沒使用過這號球桿。對任何與他一樣熱愛高爾夫球桿的人來說，為什麼不來一杯以

1991 年 PGA 冠軍球員命名的「約翰達利」（John Daly。譯註：素有球壇「火爆浪子」的稱號）雞尾酒呢？

---

### JOHN DALY COCKTAIL

*50ml 伏特加 | 15ml 柑曼怡香甜酒 | 45ml 甜冷英式早餐茶 |*
*冰檸檬水，注滿 | 檸檬片，裝飾用*

・將伏特加、柑曼怡香甜酒和茶，放入雞尾酒調酒器中加冰塊搖勻，然後濾入裝滿冰塊的高球杯中。加滿檸檬水，飾以檸檬片，完成。

---

## FEB 9 大河之舞首次演出（一九九五年）
### 索甸甜白酒 SAUTERNES 🎬🍾🍷

1995 年，麥可・佛萊利（Michael Flatley）上台（然後下台又上台），他在愛爾蘭都柏林點劇院（Point Theatre）主持了《大河之舞》的首次演出。麥可在接受《愛爾蘭時報》採訪時表示，他以前很喜歡來杯索甸甜白酒，這款波爾多甜白葡萄酒可以為甜點增添一絲可愛的味道。

## FEB 10 維多利亞女王的婚禮（一八四〇年）
### 皇家藍勳威士忌 ROYAL LOCHNAGAR WHISKY 🎬

有誰不喜歡皇室婚禮？可以真的把整個國家團結在一起。對吧，哥們？

大家最喜歡的可能就是 1840 年維多利亞女王和薩克森-科堡-哥達的阿爾伯特親王的婚禮。還記得那一場婚禮嗎？很隆重呢。

維多利亞女王熱愛美食和美酒，她曾經到位於巴爾莫勒爾城堡區邊緣的一家新開的小型洛赫納加威士忌釀酒廠，享用過一杯美酒。在女王到訪的影響下，該

釀酒廠被更名為「皇家藍勳」，目前仍然生產卓越的單一麥芽威士忌。其特點是濃郁、麥芽味、辛辣的口感，並帶有冬季水果的味道。（有關維多利亞女王和皇家藍勳威士忌更多內容，請參考 1 月 22 日）。

## FEB 11 ｜ 日本建國紀念日
「響」三得利威士忌 HIBIKI SUNTORY WHISKY

| The Japanese sip | 日本人啜飲 |
| On this proud Foundation Day | 在驕傲的建國日 |
| Whisky of Japan | 日本威士忌 |

（為各位愛研究的讀者說明一下，這是俳句。而且，我想我們都同意，這是一首非常好的俳句。譯註：翻譯也依照五七五字的俳句形式）

## FEB 12 ｜ 查爾斯・達爾文的生日（一八〇九年）
富樂園芒果白啤酒 FLORIS MANGO，休伊啤酒廠

達爾文的演化論，正如他在《物種起源》一書中所探討的，可能會因為「啤酒」的註解而得到一點推進。

科學家告訴我們，早在人類演化之前，水果就已經會自然發酵了。所以現在普遍認為，從香蕉樹頂飄出的醉人香氣，必定會激發靈長類動物從樹上跳到森林地面，尋找這些聞起來甜美、令人陶醉的美食。

這種發酵的水果會讓靈長類動物興奮不已，或許也會讓它們變得熱情，但也因為更容易消化，可以更有效獲得必要的熱量——酒精甚至還具有類似抗體的功效，可以抵抗感染。因此，動作最快、最強壯的活躍者，也就是最先進入大自然開放酒吧的人，便是受益最多的人。所以酒精就像是「適者生存」理論的煽動者一樣。

不光是我們如此認為：達特茅斯學院的生物人類學家納撒尼爾·多米尼（Nathaniel Dominy）在《國家地理》的一篇專題報道中，也說過類似的話。因此，如同我們所說的，由於人類祖先對於酒精水果的熱愛，因此人類在基因上傾向於飲酒，確實是有科學根據的。

我們推薦「富樂園芒果白啤酒」，這是一種添加了芒果汁的小麥啤酒，由比利時休伊啤酒廠（Huyghe Brewery）生產。我們本可在此推薦休伊啤酒廠的香蕉啤酒，但它可能感覺有點刺鼻。此外，我們還需用它來講述 2 月 25 日重新引進香蕉的故事。

## FEB 13 | 亞當斯博士去世（並非因宿醉）（二〇一九年）
### 無酒精植物園烈酒，華納酒廠
### WARNER'S 0% BOTANIC GARDEN SPIRIT

避免宿醉的唯一有效的方法便是我們的口號：「喝少，喝好」。但如果你一覺醒來時眼睛後面有節奏性的強烈撞擊感，而且舌頭上有下水道工人鞋帶的味道時，你可能就得服用一些止痛藥來緩和宿醉。

因此，今天讓我們為史都華·亞當斯博士（Dr. Stewart Adams, OBE，大英帝國勳章）舉杯，這位製藥師致力於消除「頭痛」症狀，他從自己的頭痛時的抽痛獲得靈感，發明了布洛芬（ibuprofen）。

為了完善新藥，亞當斯博士在度過一個歡樂的夜晚後，親自測試此藥。強迫自己在第 2 天發表重要演講，同時對抗前一夜「野格炸彈」（Jager Bomb，野格酒＋紅牛）的暴亂影響，他服用了這種新的止痛藥，並順利完成演講。

亞當斯博士活到了罕見的 95 歲高齡，雖然他在 2019 年的這一天不幸去世，但我們相信絕不會是宿醉造成的。

## FEB 14 ｜ 情人節
### 阿根廷紅酒 ARGENTINIAN RED

聖瓦倫丁（情人節就是聖瓦倫丁紀念日）又抬起他那顆胖胖的、天真無邪的腦袋。無論你跟另一半的感情狀況如何，可能都希望他沒有到來。因為一頓生硬、乏味的晚餐，正在等待那些已經在一起很久的夫妻，他們缺乏熱情，只有刀叉的尷尬喀嗒聲，填補了自然交談的空白處。

但如果你今天決定嘗試把浪漫帶到餐桌上的話，我們的建議是選擇阿根廷紅酒。

正如費格爾‧夏基（Feargal Sharkey，英國歌手）在「A Good Heart」歌詞裡所說「現在很難找到一顆善良的心」。所以，當你找到一顆善良的心時，請好好照顧它。阿根廷的葡萄酒使用在炎熱半潮濕氣候下種植的葡萄所釀製，富含類黃酮，有助於降低體內低密度膽固醇（譯註：壞膽固醇）含量，因而降低動脈中血小板的黏稠性，照顧血管不會堆積血栓及導致心臟發生問題。

## FEB 15 ｜ 伽利略的生日（一五六四年）
### 義大利葡萄酒 ITALIAN WINE

根據報導，伽利略曾經說過：「酒是由水凝聚在一起的陽光。」這種說法棒極了。然而在他沒幫擦酒杯茶巾上印的陳詞濫調提供箴言的時間裡，這位天文學家的成就還包括發明了新的望遠鏡，並發現了木星的四顆衛星。

發現一顆衛星是一回事（畢竟地球也有一顆月亮），但發現四顆呢？好吧，他一定雀「月」不已。順便說一句，如果在青少年時期，有人能協助我們不斷找到新月亮的話，我們將不勝感激，這些協助（酒）主要都是我們在校車後面偷偷進行的。

## FEB 16 | 全國杏仁日（美國）
杏仁酸味酒 AMARETTO SOUR

整天都在紀念杏仁：很堅果（nuts，蠢），對吧？事實上，杏仁樹結的並不是堅果，而是一種大而多汁的李子形式的核果，裡面有容易被誤認為是堅果的大種子。談到啤酒時，大多數有才華的釀酒師並不會把核果與堅果混淆，或是在黑啤酒等酒類中使用杏仁。喜歡杏仁的人比較熟悉的是苦杏酒（Amaretto、苦甜味杏仁酒）。在酒類專家的更新清單中，與苦杏酒最相關的品牌就是迪莎蘿娜（Disaronno）杏仁酒，但實際上它的堅果風味是來自杏殼，而非杏仁堅果（種子）中。無論如何，杏仁酸酒雞尾酒仍要用到苦杏酒。

### AMARETTO SOUR

*50ml 迪莎蘿娜 | 25ml 檸檬汁（鮮榨）| 1 長滴安格仕苦精 |*
*15ml 蛋白液 | 冰塊 | 櫻桃，裝飾用*

· 在雞尾酒調酒器中搖勻迪莎蘿娜杏仁酒、檸檬汁和蛋白。加一點冰塊再次搖勻，然後濾入威士忌杯中，杯裡先放更多冰塊，接著用櫻桃裝飾即完成。

## FEB 17 | 塞隆尼斯·孟克去世（一九八二年）
塞隆尼斯爵士兄弟，北海岸釀酒公司
BROTHER THELONIOUS

Squibbel-dee-doo-wop, doo-bee-pop：爵士樂。塞隆尼斯·孟克（Thelonious Monk）是 20 世紀最偉大的音樂家之一，也是即興爵士技巧的鋼琴界先驅。北海岸釀酒公司（North Coast Brewing Co.）是這位爵士樂手的樂迷，該公司推出了「塞隆尼斯爵士兄弟」啤酒，這是一種好喝、口感平衡的比利時風格修道院艾爾啤酒。濃厚的桃花心木色調向爵士傳奇致敬，帶有巧克力、墨西哥辣椒和肉桂香料的高調口味。這款啤酒的銷售也有助於支持蒙特雷爵士音樂節（Monterey Jazz

Festival）的爵士教育計畫。嗯，很棒。

## FEB 18 | 禁止用獵犬狩獵（二〇〇五年）
### 狐壕琴酒 FOXHOLE GIN 🖼

2005 年，當國會議員的「聽，聽」（hear、hear，譯註：表達同意）叫聲從國會議事廳傳到倫敦周圍各郡時，神奇的鄉村狐狸在夜色中發出最後的怪異、令人難以忘懷的浪叫高音，在他們的巢穴裡翻身、休息都變得比較輕鬆了。因為當他們醒來以後將會發現，雖然狩獵仍將繼續，但沒有獵犬了。所以如果你站在這種濃密尾巴的雜食性哺乳動物這一邊的話，就請為了狐狸繼續向政客施壓。

上面說的這些是為了讓我們無縫銜接的提到「狐壕琴酒」，它與蒸餾酒（eau de vie，譯註：也稱為生命之水）混合，使用蘇塞克斯地區伯尼酒莊剩餘的釀酒葡萄製成，而且為了跟人道狩獵立場保持一致，在製作過程中並不使用狐狸。

這款琴酒以該生命之水為基礎，加入更傳統的植物成分包括杜松子、芫荽、當歸籽、鳶尾根、甘草根、苦橙、新鮮檸檬和葡萄柚皮等。

## FEB 19 | 柯林頓的預算執行與赤字削減法案（一九九三年）
### 三杯馬丁尼午餐 THREE-MARTINI LUNCH 🖼🍾🍷🍸

比爾・柯林頓離開總統的橢圓辦公室時，身後充滿了爭議，他最具破壞性的政治遺產就是他對「三杯馬丁尼午餐」所施加的威脅性枷鎖。由於他認同在政府收支上非凡的 4% 經濟成長，所以也許他知道自己在做什麼，但我們並不想幫他擦屁股。身為全球領先的庶民娛樂經濟專家，我們認為，如果他沒有簽署影響馬丁尼午餐的 1993 年《預算執行和赤字削減法案》，經濟成長率可能會達到 5%。因為三杯馬丁尼午餐最初是一種飲酒制度，鼓勵 1950 年代的商人在工作日午餐時享用三杯馬丁尼，其理論是來點小酒，一定可以讓華爾街的戰士們和麥迪遜大道的

廣告狂人們，激發出許多我們現在這群商業小丑只能夢想的交易。更重要的是，喝馬丁尼可以 100% 抵稅。

吉米卡特試圖阻止這種減稅，聲稱這是由工人階級的薪水補貼高階主管的放縱。但一直要到 1986 年才通過第一個將減稅額度從 100% 減少到 80% 的法案，從而將這種放縱變成了「兩杯馬丁尼午餐」。

雖然已經夠糟了，但柯林頓再度接棒。他的赤字削減法案雖然看起來平淡無奇，但將商務餐點的減稅額度近一步削減至 50%。這種做法真的能在 5 年內為美國政府節省約 153 億美元？嗯，確實如此……但我們應該大喊：商業上的創意努力受到了打擊！

因為，我們認為馬丁尼可以解開禁錮想像力的束縛，尤其是當涉及到原本就很無聊的金融問題劇烈思考時。不可否認地，「喝少，喝好」一定有助於讓你不會在想要瀏覽收件匣（inbox）時「跳出匣外」（think out of box）思考，但只要稍微放鬆一點限制，我們就能實現無限的目標。

也許我們可以選擇只喝一杯而非三杯，若你真打算如此的話，我們推薦的是一杯經典的琴酒，攪拌後加入適量香艾酒，再濾入冰鎮的雞尾酒杯中。

## FEB 20 ｜ 梵谷移居亞爾（一八八八年）
### 加幾滴水的苦艾酒
ABSINTHE WITH A FEW DROPS OF WATER

亨利・德・土魯斯 - 羅特列克（Henri de Toulouse-Lautrec）走進一家巴黎酒吧，看到文森・梵谷（Vincent Van Gogh）在角落喝酒。

「你好，文森」他說。「你想要來杯苦艾酒嗎？」（註：苦艾酒 absinthe，跟缺席 absence 諧音）

「不了，亨利」梵谷回答。「我已經有一隻耳朵缺席了。」

我們又搞笑了，不必客氣啊。

梵谷於 1888 年搬到亞爾，專注於藝術並暫時擺脫巴黎的酗酒生活方式，但他

很快就發現法國南部更容易買到「苦艾酒」。亞爾以充足的自然陽光而聞名，而且令人不安的是，此地苦艾酒的消費量是全國平均的四倍，這使得藝術家與綠色小精靈（苦艾酒別名）的關係，變得更放縱也更惡名昭彰。

儘管梵谷的心理健康狀況惡化被歸咎於他對苦艾酒的沉迷，但他日漸怪異的行為——例如吃顏料和割下左耳給妓女（譯註：亦有研究是把耳朵給了妓院女傭）——卻是心理健康變糟的徵兆。雖然苦艾酒可能與這些狂野行為關聯在一起，但這種烈酒對我們來說，並不比其他酒類更糟，只要適量即可。

不僅如此，梵谷與苦艾酒的關聯，在他 1890 年去世後仍然詭異地持續著。梵谷死後被埋葬在奧維小鎮的一個墓地裡，墳墓旁邊種了一棵裝飾性的柏樹。這種樹富含「側柏酮」（thujone），這種致幻化學物質，而且用來製造苦艾酒的中亞苦蒿內也有它。

在梵谷埋葬此地 15 年後，當他們想移動棺材，以便將梵谷重新安葬在他的弟弟西奧的墳墓旁時，他們發現這株柏樹的樹根，像幽靈般的緊緊纏繞著梵谷的棺材。

## FEB 21 馬克思與恩格斯發表《共產黨宣言》
### （一八四八年）

### T.E.A，豬背酒 HOGSBACK BREWERY

無論你的政治立場如何，重要的是我們必須強調馬克思（Karl Marx）和恩格斯（Friedrich Engels）是在「酒吧」裡構思了他們的歷史性理論。曼徹斯特的紅龍酒吧和倫敦的博物館酒館，都宣稱自己是有所功勞的贊助者之一，因為左派嗜酒者在譴責資本主義腐敗時，通常身兼醉鬼與品酒者。

因此，今天讓我們為這兩人舉杯，用一品脫英國薩里的「豬背啤酒」，他們使用當地原料，包括自己花園裡的啤酒花。其中最好的啤酒便是苦味的T.E.A.（Traditional English Ale 傳統英國艾爾）啤酒。我們懷疑馬克思更喜歡把它潑出去，如同他曾說過的：適當的茶就是偷竊（譯註：原為「財產就是偷竊」，

財產 property 被作者改成適當的茶 proper tea 的諧音梗）。

## FEB 22 | 歐內斯特・甘特的生日（一九〇七年）
眼鏡蛇毒牙 COBRA FANG

以「唐海灘捲浪」（Don the Beachcomber）或「唐比奇」（Donn Beach）聞名的甘特（Ernest Gantt），一般認為是「提基」（Tiki）調酒派的創始人。他在好萊塢的波利尼西亞主題酒吧，深受日落大道名人們喜愛。每當洛杉磯意外的陣雨下在酒吧窗戶上時，這些人就會比預期停留的時間更長一些。然而有時下雨與否是由唐所控制的，因為他偷偷在屋頂上安裝了一個灑水器。

為了紀念他，各位不妨嚐嚐「眼鏡蛇毒牙」雞尾酒，配上一點酒精含量超標的蘭姆酒。

### COBRA FANG

*冰塊 | 15ml 牙買加陳釀蘭姆酒（aged Jamaican rum） |*
*15ml 高濃度蘭姆酒 | 15ml 法勒南香甜酒（falernum liqueur） |*
*15ml 新鮮萊姆汁 | 15ml 新鮮柳橙汁 | 少量石榴糖漿 | 少許安格仕苦精*

・在攪拌機中加入冰塊。加入所有材料，然後混合。倒入高球杯或葡萄酒杯中即可上酒。

## FEB 23 | 史丹・勞萊去世（一九六五年）
「又是一團糟」淡艾爾啤酒，阿爾佛斯頓釀酒公司
ANOTHER FINE MESS PALE ALE

1965 年，史丹・勞萊（Stan Laurel）終於陷入無法擺脫的困境，因為心臟病發幾天後去世了。在他的葬禮上，巴斯特基頓（Buster Keaton）形容勞萊是當時

好萊塢喜劇巨星中最有趣的人。而且，巴斯特應該會很高興聽到我們也同意這點。

勞萊出生在坎布里亞郡的阿爾佛斯頓，也就是現在是阿爾佛斯頓釀酒公司（Ulverston Brewing Company）所在地。該公司生產了一種甜甜的、帶有淡淡柑橘味的淡啤酒，並以這位喜劇代表人物常說的「又是一團糟」來命名。我們很粗心的在 8 月 7 日複製了這篇文章來紀念奧利佛・哈台（Oliver Hardy，勞萊的搭檔）的去世，差點讓這本書也變成「又是一團糟」。不過我們要為自己辯護，因為這本書要介紹的日期實在太多了。

## FEB 24｜卡斯楚下台（二〇〇八年）
### 傑出的古巴蘭姆酒 EMINENTE CUBAN RUM

菲德爾・卡斯楚（Fidel Castro）擔任古巴共產黨領導人 49 年，使他成為 20 世紀任期最長的非皇室國家元首，所以，卡斯楚的位置坐得很穩。他的臉上留著招牌鬍子，而且這些臉部毛髮受到人民的高度評價，以至於當中央情報局考慮如何除掉這位引發混亂的古巴領導人時，還曾經想要使用透過腳底吸收的化學脫毛劑，讓他的鬍鬚脫落（人格謀殺）。如果你認為把他撞死還比較容易，請記住卡斯楚躲過了 6 百次以上的暗殺，所以並不簡單。

儘管卡斯楚上台後將「百加得」（Bacardi，譯註：世界最大家族烈酒廠商）家族趕出古巴，但他仍舊是當地蘭姆酒的擁護者，而且很可能喜歡喝「傑出的」古巴蘭姆酒，這是一種輕調、果味醇郁但甜美的七年烈酒，裝在一個有著漂亮鱷魚皮紋理的玻璃瓶中。

## FEB 25｜香蕉重返英國（一九四五年）
### 夢果 - 非洲香蕉水果啤酒，海格啤酒廠
### MONGOZO BANANA

哦，吃一根香蕉吧。它們富含鉀所帶來的能量，同時還能滿足你每日 15% 的維生素 C 需求，此外，香蕉還有很棒的彎曲形狀以及極具喜感的滑溜外皮。因此，在第二次世界大戰期間，由於英國的香蕉供應被戰事阻斷，讓英國人遭受重創，也就不足為奇了。哈利・洛伊（Harry Roy，當時音樂家兼歌手）非常懷念香蕉，以至於他喜歡聽一首戰時名曲「我何時才能再次吃到香蕉？」我們現在都知道答案是 1945 年 2 月 25 日。

為了紀念這個日子，何不來一杯「夢果 - 非洲香蕉水果啤酒」，這是一款來自海格（Huyghe）啤酒廠出產的香蕉風味比利時小麥啤酒。海格啤酒廠位於佛蘭德斯東部，靠近根特，以其「迪力 - 三麥金啤酒」（Delirium Tremens，譯註：俗稱粉紅象）的比利時風格烈性艾爾啤酒而聞名。「夢果 - 非洲香蕉水果啤酒」是他們異國水果啤酒系列的一部分（另一款水果啤酒將於 2 月 12 日推出，譯註：目前已經有芒果、椰子等水果啤酒）。這應該不算創新，除了不含麩質，支持公平貿易和永續棲息地外，它用的是橙皮和芫荽釀造，然後與香蕉果汁混合，其靈感來自肯亞馬賽人的傳統配方「尤為佳」（urwaga，譯註：搗碎香蕉發酵而成的啤酒）。

# FEB 26 | 維克多・雨果的生日（一八〇二年）
## 調和式蘇格蘭威士忌 BLENDED SCOTCH 🍸

雖然這位法國小說家創作了經典作品《悲慘世界》和《鐘樓怪人》，不過有趣的是，1990 年代電視經典卡通《維克多與雨果：笨蛋罪犯》（Victor & Hugo: Bunglers in Crime）與他並無關聯。

（擬小說口吻）

他以往的生日慶祝活動，通常是和酒友卡西莫多（Quasimodo，鐘樓怪人主角的名字）一起度過的，他在巴黎的一家酒吧認識了他。在那個傳說的日子裡，卡西莫多點了一杯調合威士忌，酒保看了他架上有限的蘇格蘭威士忌後說：「喝貝爾斯好嗎？」（Bell's OK?）卡西莫多回答：「管好你自己的事吧！」（譯註：他以為酒保問的是教堂的鐘還好吧？）而馬克維克多（Mark Victor，譯註：心靈

雞湯作者）在生日的時候，卻喝了一杯貝爾斯蘇格蘭調和威士忌來安撫自己。他在威士忌杯中加了一些冰塊，還加了蘇打水……。

## FEB 27 亨利四世加冕為法蘭西國王（一五九四年）
### 法國 95 FRENCH 95

眾所周知，2012 年在一位稅務員的閣樓中，發現了失蹤多年的亨利國王木乃伊化頭骨。所以你現在應該知道他的故事了。

1594 年，亨利成為波旁王朝第一位法蘭西國王，波旁王朝是以法國奧佛涅 - 羅納 - 阿爾卑斯地區的溫泉小鎮「波旁拉尚博」命名。有趣的是，肯塔基州波旁郡等於也是以該鎮的名字命名，這是為了紀念法國國王路易十六，在獨立戰爭期間幫助美國人擊敗英國人——路易也是波旁家族的一員。

正是出於這個淵遠流長的絕妙原因，我們建議你喝一杯法國 95，這是法國 75 雞尾酒的替換為波本（波旁）威士忌的版本。

### FRENCH 95

*15ml 波本威士忌 | 15ml 新鮮檸檬汁 | 15ml 柳橙汁 | 10ml 糖漿 | 冰塊 | 香檳，注滿用*

· 將波本威士忌、檸檬汁、柳橙汁和糖漿放入雞尾酒調酒器中，加入冰塊搖勻，濾入香檳杯並注滿香檳。

## FEB 28 西班牙安達盧西亞自治區日
### 阿罕布拉窖藏 1925 ALHAMBRA 1925

從塞拉諾火腿、蘆筍到橄欖油和醋，安達盧西亞（Andalucía）當地人將美味

佳餚與優質葡萄酒、雪利酒以及越來越多的優質精釀啤酒搭配在一起，這些產品都擁有「原產地命名保護」（Protected Designations of Origin, PDO，譯註：歐盟為保護農產品與食品名稱不被濫用或模仿而設立）。其中也包括阿罕布拉酒廠，這是一家釀造乾淨清爽的皮爾森風格啤酒的酒廠，若你喜歡橄欖的話，它很適合用來替代白葡萄酒。如果你想要更多麥芽風味來搭配肉類的話，便可以嘗試我們介紹的「阿罕布拉窖藏 1925」。它使用延續超過 35 天的控制下緩慢發酵，6.4%的酒精含量，足以為你的火腿增添光彩。

## FEB 29 │ 閏年日
### 閏年馬丁尼 LEAP YEAR MARTINI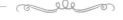

在解答閏年相關的數學問題時，我們忙著在計算機上按鍵，並一再地檢查日曆。坦白說，這種問題開始傷害我們簡單的大腦了。所以，讓我們把 2 月那神奇的「額外一日」歸功於魔法吧。

如果你也是那些在有時並不存在的日子裡過生日的神奇人士，你可能會很高興得知有一款專門為這個場合製作的雞尾酒。哈利・克拉多克（Harry Craddock）是 20 世紀初的調酒先驅。他寫了一本調酒師聖經《薩沃伊雞尾酒書》（The Savoy Cocktail Book），並於 1928 年的這一天為薩佛伊飯店（Savoy Hotel）發明了「閏年馬丁尼」。

---

### LEAP YEAR MARTINI

*60ml 倫敦乾式琴酒（London Dry Gin）|15ml 柑曼怡香甜酒（Grand Marnier）|*
*15ml 甜香艾酒（sweet vermouth）| 10ml 新鮮檸檬汁 | 冰塊 |*
*檸檬皮碎（短碎絲），裝飾用*

· 將琴酒、柑曼怡香甜酒、香艾酒和檸檬汁放入雞尾酒調酒器中，加一些冰塊搖勻。濾入冰鎮的雞尾酒杯中，再用檸檬皮碎裝飾。

---

# 3月
## MARCH

**MAR**
**1**

# 全國豬日（美國）

## 本頓古典雞尾酒 BENTON'S OLD FASHIONED

　　以下要講的是一些你可能不知道的關於豬的事實：全球每年消耗掉四千億噸豬肉，比牛肉多三分之一，也比雞肉多得多。坦白說，在消費量相較之下，雞肉畢竟只是「小鳥胃」的量而已（註：paultry 家禽與 paltry 微不足道這兩個字的諧音梗）。

　　雖然我們最喜歡的以豬為主題的「故事」裡，有三分之二的小豬會使用劣質建築材料來建造房屋。然而，與豬被視為骯髒動物的名聲相反的是，豬是唯一會將居住空間分為兩部分的農場動物：一個廁所區和一個較乾淨的睡眠區。

　　豬為什麼要住在爛泥裡呢？因為他們不想曬傷，這是真的。豬被宰殺後也相當有用，可以被用來製造從胰島素、瓷器到除皺霜（或者應該說除皺軟膏？）和子彈等各種東西。

　　當然還有培根啦。

　　所以我們要介紹一杯培根雞尾酒來紀念這一天。

---

### BENTON'S OLD FASHIONED

*40ml 培根脂肪波本威士忌（見下文）| 1 茶匙楓糖漿 | 冰塊 | 2 長滴安格仕苦精 | 橙片，裝飾用*

· 將波本威士忌和楓糖漿放入調酒杯中，加入冰塊攪拌。接著加入苦精攪拌後，濾入裝滿冰塊的冰鎮古典杯中，再用橙片裝飾。

---

培根波本威士忌製作方式：在平底鍋煎四條煙燻培根。把 30ml 培根油脂過濾

裝入 700ml 波本威士忌瓶中。將瓶子放入冰箱之前，先在室溫下置放一夜。一旦豬油在瓶內凝結，便可將波本威士忌濾入新的乾淨瓶子中，丟棄脂肪不用。

## MAR 2 | 協和號客機首次飛行（一九六九年）

唐培里儂香檳王，最好的年份是 1969 年協和號機上供應的酒
DOM PERIGNON（PREFERABLY1969）

協和號客機是由法國和英國航空工業合作，屬於高科技、超音速的天才傑作。它能夠以兩倍音速以上的速度巡航，並可在 3 小時內從倫敦飛抵紐約。

問題是很少有旅客能負擔得起如此昂貴的機票，也沒有其他航空公司對這架感興趣，因為它不僅每小時要消耗掉 6770 加侖燃油，還因為震耳欲聾的音爆聲，而被禁止飛越大部分空域。

協和號客機在 2000 年發生悲慘事故後，迅即在 2003 年退役，成為人類史上最慘賠的民間航空投資之一。

## MAR 3 | 水牛比爾會見教宗良十三世（一八九○年）

野牛草伏特加雞尾酒 TATANKA

威廉‧佛雷德里克‧科迪（William Frederick Cody）出生於 1847 年，又名「水牛比爾」（Buffalo Bill）。他為了幫堪薩斯太平洋鐵路供應肉類，在 1867 至 68 年間，一共殺死了 4282 頭水牛，贏得了這個綽號。1883 年，他成立了「水牛比爾的狂野西部」（Buffalo Bill's Wild West）馬戲團，這是一場以美洲原住民和牛仔為主角的精彩馬戲團表演，內容包括大量的擲刀、射擊、騎馬等活動。他的巡迴演出遍布歐洲和美洲，並於1890年造訪梵蒂岡，會見了教宗良十三世（Pope Leo XIII）。《紐約先驅報》如此描述這一刻：「在梵蒂岡嚴峻城牆內發生的最離奇事件之一，就是今天早上水牛比爾帶領他的牛仔和印第安人，轟動進城⋯⋯在

米開朗基羅和拉斐爾的不朽壁畫中，在最古老的羅馬貴族之間，突然出現了一群野蠻人，他們的臉上塗滿油彩、覆蓋羽毛，手上拿著斧頭和刀子⋯⋯。」

讓我們用「野牛草伏特加雞尾酒」來紀念這項活動，這是用蘋果汁和「野牛草伏特加」（Żubrówka，來自波蘭，每瓶中含有一片野牛草）的簡單調合。

美洲野牛（American bison）和水牛（buffalo）本質上是指同一種動物：唯一的差別如你所知，你無法用水牛來洗手（譯註：野牛 bison 是知名洗手乳廠牌）。

## MAR 4 | 約翰・坎迪去世（一九九四年）
### 橙色鞭子 ORANGE WHIP

約翰・坎迪（John Candy）是一位非常有趣的喜劇演員。他出生於加拿大，身高 190.5 公分，有時體重高達 130 公斤，他為一系列 80 年代的著名經典電影，帶來一種無政府主義的親和力，最有名的作品包括《飛機、火車和汽車》（Planes, Trains & Automobiles）和《巴克叔叔》（Uncle Buck）。

在《福祿雙霸天》（Blues Brothers）中，他飾演假釋官伯頓・默瑟，協助伊利諾伊州警察局追捕傑克和艾爾伍德・布魯斯兄弟。在一個得到喜劇經典崇拜地位的場景中，坎迪為另外兩位警官都點了一杯橙色鞭子：「誰要喝橙色鞭子？橙色鞭子？橙色鞭子？三杯橙色鞭子。」

為什麼會點這個呢？因為片場裡有人剛好是「橙色鞭子」（譯註：一種果汁飲料的名稱）員工的兒子，他問身為導演約翰蘭迪斯是否可以在電影中提及產品。蘭迪斯向坎迪說了這件事，於是坎迪就把橙色鞭子套進場景裡。

以下便是橙色鞭子的酒精版本。

---

### ORANGE WHIP

*50ml 低脂奶油 | 25ml 伏特加 | 25ml 蘭姆酒 | 100ml 柳橙汁 | 冰塊*

- 將所有食材（冰除外）放入攪拌機中攪拌 30 秒，倒入裝滿冰塊的玻璃杯中再攪拌一下。

## MAR 5 ｜ 煙草抵達歐洲（一五五八年）

### 瓦哈卡古典雞尾酒 OAXACA OLD FASHIONED 🍸🍾🍷🍸🥃

16 世紀時，西班牙醫生法蘭西斯科・費南德斯（Francisco Fernandes）帶著幾噸菸草，從拉丁美洲返回歐洲。就像瑪雅人幾個世紀以來所做的那樣，歐洲人立刻接受了菸草的藥用特性。例如在倫敦，他們會利用菸草讓溺水者醒來，作法是往溺水者的屁股吹煙。

因為醫生相信溫暖的煙草煙霧，可以用來抵抗寒冷與困倦，因此將風箱口插入濕透的受害者肛門，進行煙霧灌腸。不久之後，皇家人道協會就在泰晤士河沿岸，提供了煙草煙霧灌腸包，這應該可以證明這種做法確實有效。不論是否如此，或許這也是周末沿河邊散步時，可以做的一件有趣的事。

當然再過不久之後，醫生便意識到煙草其實對健康有所危害，現在依舊如此，所以請不要吸煙，當然更不要把它吹進屁股裡。

相反的，你可以嘗試菲爾沃德（Phil Ward）在紐約創造出來的「瓦哈卡老式雞尾酒」，其中使用了煙燻味的龍舌蘭酒，甚至是煙燻風味更濃的墨西哥「梅斯卡爾酒」（Mezcal）。

---

### OAXACA OLD FASHIONED

*40ml 瑞普薩多龍舌蘭酒（reposado tequila）| 12.5ml 梅斯卡爾酒 |*

*5ml 龍舌蘭糖漿（agave nectar）| 2 長滴安格仕苦精 | 冰塊 | 橙皮捲片，裝飾用*

· 將這些液體原料倒入裝有大冰塊的古典杯中，攪拌至冷卻，接著在飲料表面用橙皮捲片燒出火焰。

## MAR 6 | 花花公子的一天
### 白色俄羅斯 WHITE RUSSIAN

1998 年由科恩兄弟執導、傑夫布里吉斯主演的電影《謀殺綠腳趾》（The Big Lebowski）激發了一群意外的狂熱追隨者，並在 2005 年發展成被承認的宗教現象。在這個對他們最神聖的日子裡，有超過 45 萬名「杜德派教徒」（Dudeist）沉迷於對傑佛瑞「督爺」（The Dude）勒博夫斯基（劇中主角）的宗教信仰式狂熱中，他在劇中是一個失業的、抽著大麻的懶鬼，穿著睡袍、打十瓶制保齡球、喝「白色俄羅斯」，如此過著生活。

---

### WHITE RUSSIAN

*60ml 伏特加 | 30ml 卡魯哇咖啡利口酒（Káhlua coffee liqueur）|*
*1 大匙高脂奶油 | 1 大匙全脂牛奶 | 冰塊 | 一小撮肉荳蔻粉*

· 督爺只是把所有原料倒入玻璃杯中攪拌就完成了。

---

## MAR 7 | 雷諾・范恩斯爵士的生日（一九四四年）
### 雷諾・范恩斯爵士的大英蘭姆酒
### SIR RANULPH FIENNES' GREAT BRITISH RUM

硬漢人物雷諾・范恩斯爵士，可以說是這個世界上仍然活著的最偉大探險家。他是第一個獨自徒步穿越南極洲的人，也是攀登聖母峰年紀最大的人。2003 年，他因心臟病發作接受了心臟雙繞道手術的幾個月後，挑戰了「七天七大洲七場馬拉松」賽事，當時他 59 歲了。

2000 年，范恩斯獨自徒步跨越北極時，不慎跌入冰層中，雙手嚴重凍傷。於是他被迫放棄冒險，回到英國，然而手上的痛苦變得難以忍受。於是，范恩斯來到他的工作棚屋中，用鋼鋸鋸掉了凍傷的手指……而且是在沒有麻醉的情況下。

讓我們用他自己的大英蘭姆酒的「兩根手指」（譯註：two fingers，原指在杯中兩指高的酒），祝他生日快樂。此酒在蒸餾過程中添加了來自他最史詩般冒險裡的木材品種：來自加拿大的紅杉、挪威的松樹和來自阿曼的棕櫚樹。不過，並沒有用到他在棚屋裡砍下來的東西。

## MAR 8 | 國際婦女節
### 花招雞尾酒 HANKY PANKY

這款經典雞尾酒是由艾妲「科莉」科爾曼（Ada 'Coley' Coleman）調製，她在 1903 年至 1926 年間，擔任倫敦薩沃伊飯店（Savoy Hotel）美國酒吧的首席調酒師。這個受人尊敬的職位，只有兩位女性曾經擔任過。

當時已故的喜劇演員查爾斯·霍特里（Charles Hawtrey）向科爾曼要一杯「加點潘趣酒」的飲料時，她調了這杯給他。查爾斯喝了一口後，立刻乾掉整杯酒，驚呼：「天哪！這才是真正的花招（hanky-panky）！」

「科莉」以其喧鬧的機智、說髒話和巧妙調製的飲料而聞名。她像一位完美的女主人，讓查理·卓別林、瑪琳·黛德麗和馬克·吐溫等人都愛來這裡喝酒。

雖然她在薩沃伊飯店工作了 23 年，但在著名的《薩沃伊雞尾酒書》中，只有一種調酒配方歸在科爾曼名下，很可能因為出版時她已經離職 7 年了。

---

### HANKY PANKY

*45ml 琴酒 | 45ml 甜香艾酒 | 2 長滴芙內布蘭卡苦味酒（Fernet-Branca）| 冰塊 | 橙皮捲片，裝飾用*

· 在調酒器中將琴酒、香艾酒和芙內布蘭卡苦味酒加冰塊攪拌，濾入馬丁尼杯中，並用橙皮捲片裝飾。

# 日本士兵小野田寬郎投降，結束了第二次世界大戰（一九七四年）

山崎蒸溜所 1979 水楢桶～ 29 年水楢桶後裝瓶 YAMAZAKI 1979 MIZUNARA OAK–BOTTLED AFTER 29 YEARSIN OAK

1945 年初，日本在第二次世界大戰中面臨必敗之際，裕仁天皇孤注一擲地派遣軍隊到菲律賓盧邦島，試圖阻止美國進攻。

士兵們都知道這是一場自殺任務，最後大多數人都投降了，其他未降者戰死，但小野田寬郎少尉和其他三名士兵決定聽從長官命令，留在島上進行游擊戰。

他們撤退到叢林，靠當地灌木和香蕉維生。他們會伺機向美國巡邏隊開槍，擾亂補給線，而且認為眼前所見都是敵人，於是還殺了一些無辜的當地人，燒毀農田並刺傷他們的牛。

6 個月後，戰爭因原子彈摧毀廣島和長崎而結束，但沒有人告訴小野田和他那些啃樹枝的同伴，所以他們繼續打游擊戰。

1950 年，「回家」的傳單被空投到叢林中，但小野田認為這是狡猾的美國宣傳伎倆。他也拒絕相信家人、菲律賓政府的信件，甚至裕仁天皇本人簽署的證詞也是。

到了 1972 年，他的所有同伴都被殺了，但小野田仍在繼續打一場早在 25 年前就已經結束的戰爭，完全不知道這些年來發生的甘迺迪遇刺、修建柏林圍牆、登陸月球以及女王公園巡遊者隊贏得 1967 年聯賽盃。

在多次尋找小野田失敗後，終於有一位個性古怪、自稱「冒險探險家」（adventurer-explorer）的鈴木紀夫找到他。據說鈴木差一點就遇不到小野田，他在叢林中徘徊四天、反覆叫著小野田的名字後，終於找到這位「消失」已久的少尉。

這兩個不太可能湊在一塊的人，在叢林裡待了幾週，討論小野田錯過的所有世界杯賽事。其中最引人注目的是女王公園巡遊者隊在短短 18 分鐘內，扭轉了落後兩球的局面，並且連進三球，成為第一支贏得溫布利決賽的丙組球隊。令人矚

目的逆轉勝最後一球，是由一位名叫拉扎魯斯的球員踢進的，這簡直讓小野田大吃一驚（譯註：後上面這段應該是作者瞎湊進來的）。

當他的指揮官返回盧邦島宣布投降命令時，他終於相信戰爭已經結束。小野田面容憔悴，制服破爛，在敬禮後淚流滿面。

歡呼雀躍的人群向小野田致意，但遺憾的是，他根本無法在現代化的祖國生活下去，因為他一直為之奮鬥的國家已經發生了巨大的變化。1980 年，他搬到巴西，並在當地過世，享年 91 歲──在此之前，他曾經回到盧邦島，向當地小學捐贈了一萬美元。

## MAR 10 ｜ 馬里奧・普佐出版《教父》（一九六九年）
### 教父雞尾酒 THE GODFATHER COCKTAIL

我們將提供一杯你無法拒絕的雞尾酒：這是馬龍・白蘭度（Marlon Brando）所喜愛的烈性餐後酒，他在與這杯酒同名的電影「教父」中，飾演唐・柯里昂（Don Corleone）。

---

### THE GODFATHER COCKTAIL

*60ml 調合蘇格蘭威士忌 | 20ml 迪莎蘿娜苦杏酒 |*
*冰塊 | 橙皮捲片，裝飾用*

- 將蘇格蘭威士忌和苦杏酒放入調酒杯中，加冰塊攪拌，然後濾入裝滿冰塊的古典杯中，最後加上橙皮裝飾。

---

## MAR 11 ｜ 道格拉斯・亞當斯的生日（一九五二年）
### 泛銀河漱口衝擊波雞尾酒
### PAN GALACTIC GARGLE BLASTER

根據道格拉斯・亞當斯（Douglas Adams）的類邪教小說《銀河便車指南》（The Hitchhiker's Guide to the Galaxy，譯註：原為廣播劇，後來出版小說，接著又改編為漫畫、電視劇、電影等）所述，這種飲料不能喝超過兩杯：「……除非你是一頭重達 30 噸、患有支氣管炎的巨象」。

---

## PAN GALACTIC GARGLE BLASTER

*10 片新鮮羅勒葉 | 20ml 伏特加 | 20ml 黑莓利口酒（blackberry liqueur） | 20ml 柑曼怡香甜酒 | 50ml 蔓越莓汁 | 50ml 草莓糊 | 冰塊*

・在裝有冰塊的雞尾酒調酒器中搖勻所有材料，濾入裝有碎冰的大玻璃杯中即完成。

---

## MAR 12 傑克・凱魯亞克生日（一九二二年）
### 鍋爐廠雞尾酒 BOILERMAKER

傑克・凱魯亞克（Jack Kerouac）因為寫了有史以來最偉大公路旅行小說《在路上》（On The Road）而聞名。據說這段尋找個性、自由和某種有意義的幸福的半自傳式享樂主義式旅程，只花了短短三週時間，就在一卷 30 公尺長的電傳打字紙上一氣呵成。更重要的是，伴隨了大量的頂級安非他命。

凱魯亞克在 1950 年代的美國和他心愛的墨西哥廉價酒吧和骯髒小酒館中，激發出自己的創造力。他最喜歡的飲料就是「鍋爐廠雞尾酒」（譯註：深水炸彈酒類的一種），這是藍領酒吧裡的終極選擇，由啤酒和威士忌組成。

凱魯亞克被診斷出患有精神分裂症，而且他與酒之間的關係充滿荊棘，在去世前兩年他曾說過：「我打算把自己醉死。」果然，在 1969 年時，年僅 47 歲的凱魯亞克的肝臟已然腫脹，算是簡單地回答了他自己的提問：「為什麼人們不能一直喝醉？我想要心靈持續的狂喜啊。」

## MAR 13 | 紐約華爾道夫酒店開幕（一八九三年）

羅伯・洛伊雞尾酒 ROB ROY

華爾道夫酒店（Waldorf Astoria）曾經是世界最大的酒店，也是華爾道夫沙拉、班尼迪克蛋和千島醬等美食的發源地。在因興建帝國大廈而被拆除之前，它還創造出經典的「羅伯・洛伊雞尾酒」（基本上是用蘇格蘭威士忌調製的曼哈頓雞尾酒），這是以 1894 年在紐約上演的一齣同名輕歌劇命名。

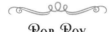

### ROB ROY

*45ml 蘇格蘭威士忌 | 15ml 甜香艾酒 | 少許安格仕苦精 | 冰塊 | 櫻桃，裝飾用*

・ 在調酒杯中攪拌除了櫻桃以外的所有原料，然後倒入馬丁尼杯或寬口杯中，再用櫻桃裝飾即完成。

## MAR 14 | 全國圓周率日

米凱樂・啤酒狂的早餐司陶特 MIKKELLER BEER GEEK BREAKFAST OATMEAL STOUT

把你的外套拉鍊拉到頂部（原文 anorak 本意為風衣外套，亦有書呆子之意），一起慶祝這個全球性的 Pi（寫作希臘字母「π」）日。這裡用的數學符號 π，是指圓的周長除以直徑所得的數字——大約是 3.14159。然而，正如每個穿白袍的科學家都會告訴你的，這點數字只是縮寫過的版本。

完整的 π 數字會無限延續下去，在小數點後超過 22 兆位數都還沒有重複或模式可循。在圓周率日，數學迷喜歡盡量背誦圓周率的無限位數，這些瘋狂的傢伙們。

2015 年 3 月 21 日，一位名叫拉傑維爾・米納（Rajveer Meena）的印度小伙子，蒙著眼睛背誦圓周率到小數點後七萬位，創下世界紀錄，一共花了 10 個小時。

如果你有興趣，可以到 YouTube 觀看。或者，只要相信我們說的即可。

對 π 充滿熱情的男性朋友，如果你發現自己很難找到另一半的話（一般人可能很難想像為何會有這種問題？），就可以噴一點「π」，這是一種紀梵希生產的古龍水，據說可以為你增加「聰明有遠見者」的男性魅力。

## MAR 15 ｜ 珀西．肖在哈利法克斯開設貓眼工廠
（一九三五年）

沃辛頓白盾啤酒 WORTHINGTON WHITE SHIELD

來自約克郡的發明家珀西．肖（Percy Shaw）發明了「貓眼」，這種道路反光裝置可以讓駕駛在黑暗中沿著道路行駛。據說在 1933 年，肖在濃霧中開車回家，正要掉入水溝前，一隻坐在柵欄上的貓，眼睛正好反射了車燈的光，讓他注意到前面的路況。

受到啟發後，肖設計了一個巧妙的裝置，不僅可以提供照明，而且每當汽車碾過裝置時，都能幫裝置刷乾淨，所以他將這個發明命名為「貓眼」（cat's eyes）。

二次世界大戰期間，英國道路共放置了兩千萬個貓眼裝置，個性古怪的肖也成了百萬富翁。他舉辦奢華的派對，派對上不供應香檳，而是提供他最喜歡的啤酒──沃辛頓白盾啤酒，這是一種經典的 IPA（India Pale Ale、印度淡艾爾，酒花香濃郁並有較重苦味）啤酒。

在加州道路上，跟貓眼相同功能的裝置被稱為「博斯點」（Bottsdots，譯註：一種反光圓球），這是以它的發明者亞伯特博斯（Elbert Botts）博士的名字命名。這就讓我們想起英國喜劇演員肯．多德（Ken Dodd）的笑話：發明貓眼的人是從他的車頭燈照到貓眼時想到的，如果貓是屁股朝向他的話，他可能就會發明削鉛筆機了（譯註：一種著名的貓型削鉛筆機是從屁股端插入鉛筆，邊削還會邊叫）。

# 真艾爾運動（CAMRA）成立（1971年）

### 品脫木桶艾爾（桶裝啤酒）PINT OF CASK ALE

「木桶艾爾」（Cask ale，譯註：亦有稱為桶裝啤酒）是英國有史以來最棒的發明。它比青黴素、網際網路、開酒器、馬麥醬和威而鋼全部加起來都還要好——而且我們應該知道才對。因為最近我們確實把這些東西都放在一起喝下去，最後也進了急診室（又一次）。

什麼是「木桶艾爾」呢？也就是我們所說的「真正的艾爾啤酒」，它是未經過濾且未經高溫消毒，並在桶中進行二次發酵的手拉啤酒（hand-pulled beer，譯註：原指老式吧台以手拉桿方式流出的啤酒）。經過適當的釀造和細心保存後，木桶艾爾可以變得非常美味。但它在1970年代幾乎消失了，被爛鋁桶裝啤酒和枯燥乏味的拉格啤酒逐出了酒吧。

由於對最喜歡的飲料現狀感到失望，四位桶裝啤酒愛好者——麥可·哈德曼（Michael Hardman）、格拉漢·利斯（Graham Lees）、吉姆·馬金（Jim Makin）和比爾·梅勒（Bill Mellor），聚集在愛爾蘭凱裡郡鄧昆的克魯格酒吧，發起了「艾爾啤酒復興運動」（Campaign for the Revitalisation of Ale，簡稱CAMRA），後來更名為「真艾爾運動」（Campaign for Real Ale，一樣可以簡稱CAMRA）。

50多年後，CAMRA成為英國最大的消費者組織之一，並繼續保護和倡導優質酒吧與「木桶艾爾」桶裝啤酒。

# 聖派翠克節

### 尊美醇知更鳥威士忌 JAMESON REDBREAST WHISKEY

在西元五世紀，愛爾蘭遭受了「爬蟲類功能障礙」（reptile dysfunction，譯註：男性性功能障礙erectile dysfunction的諧音）的困擾，這種情況經常發生在最優秀的人身上。

討厭的「異教蛇」（對異教徒的蔑稱）當時無所不在，這些狡猾的反基督教福音傳教士們會製造很多麻煩，蛻皮、吞下整隻倉鼠，催眠毛克利（譯註：《與森林共舞》電影的主角），對所有人吐舌這一類的事。

幸好聖派翠克（St Patrick）出現了。他一隻手臂夾著一頭咧嘴笑著的豬，另一隻手則揮舞著一根多節的棍子，他把蛇逼進海裡，同時穿著最後出現的金扣鞋，用他那新奇的綠色氈帽和假的紅鬍子（以及懶惰的作者承認在「聖帕特里克節」這天的酒類條目裡，用了許多擷取而來的愛爾蘭陳腔濫調故事），把他們通通嚇跑。

這樣，應該就夠慶祝了吧。

## MAR<br>**18** 倫敦 – 巴黎電話系統正式開通（一八九一年）
### 法蘭西集團 THE FRENCH CONNECTION

只有在歷史上極為罕見（而且通常很短暫）的時期裡，英國和法國之間的關係，沒有徹底的侵略性，但也是相當小心謹慎的。

1890 年代初，就是這樣的時期。經過幾世紀的爭鬥後，英法兩國決定成為朋友。因此，在亞歷山大·貝爾發明電話已經整整 15 年後，兩國利用海底電纜建立了跨海峽電話服務。

這項服務一次只能讓兩個人打電話，而且必須使用設置在倫敦和巴黎市中心的特殊電話亭。聽起雖然很糟，不過至少他們正在溝通。

---

### THE FRENCH CONNECTION

*50ml 干邑白蘭地（Cognac）| 25ml 迪莎蘿娜苦杏酒（Disaronno Amaretto）| 冰塊*

· 將材料放在調酒杯中加冰塊攪拌，濾入溫的白蘭地聞香杯（snifter glass）中。

# MAR 19 | 理察・波頓上尉的生日（一八二一年）

## 牽牛花費士 MORNING GLORY FIZZ

理察・波頓（Richard Burton）上尉是一位維多利亞時代的優雅博學者，他設法將許多種生活融為一體：因為他同時是冒險家、探險家、地理學家、人類學家、擊劍運動員、決鬥者、政府的殺手、士兵和間諜，他花了 50 年在世界各地探險。

波頓以「多情劍客」而聞名，他對男女都有興趣，他的愛情冒險也為他贏得了「骯髒迪克」（Dirty Dick）的綽號，這是他翻譯印度《慾經》（Kama Sutra）時，所「淫」得的一個響亮稱號。

在印度擔任臥底探員期間，他對喀拉蚩市的男性妓院報告因為過於詳細而被擱置，並差點葬送他的外交生涯。

他還寫了《放屁史》（The History of Farting，譯註：作者照片上戴了土耳其帽），他也翻譯了 15 世紀的阿拉伯性愛手冊《芳香花園》（The Perfumed Garden），並抱怨其中缺乏人獸交和同性戀。

身為一位狡猾的語言學家，他精通 40 種不同方言的這件事不足為奇。他也喜歡上等的利口酒，每天都以一杯「牽牛花費士」作為一天的開始，這是一種含有苦艾酒和威士忌的雞尾酒，名字恰如其分（MORNING GLORY 除了是牽牛花外，亦有男性晨勃之意）。

---

### MORNING GLORY FIZZ

*45ml 威士忌 | 5 長滴苦艾酒 | 30ml 檸檬汁 | 10ml 糖漿 | 15ml 蛋白液 | 冰塊 | 蘇打水，注滿用*

- 在雞尾酒調酒器中用力搖勻所有成分（蘇打水除外）。濾入高腳玻璃杯中，加入蘇打水。

# MAR 20 阿爾伯特・愛因斯坦發表廣義相對論（一九一六年）

一杯斯巴登慕尼黑啤酒節拉格啤酒

ONE STEIN OF SPATEN OKTOBERFEST LAGER 📧🍾🍷

愛因斯坦很喜歡喝啤酒。他在瑞士讀書時，號召了一個著名的「奧林匹亞學院飲酒俱樂部」，跟同學們一起喝啤酒並辯論科學和哲學。

年輕的愛因斯坦在 17 歲時的第一份工作，就是為德國最古老的啤酒攤安裝電力。他收了多少錢呢？（註：收費 charge 亦有「充電」之意，故此處雙關問著「他充了多少電呢？」）一整個攤子！只是開個「中子」小玩笑啦（酒保送顧客免費酒時會說「no charge」，由於中子不帶電，所以也是 no charge）。

愛因斯坦不只發明了相對論，他還發明了以酒精為動力的啤酒冰箱。而當普林斯頓醫院病理學家湯馬斯・斯托爾茨・哈維博士（Dr Thomas Stoltz）偷走愛因斯坦的大腦時（當然是在他死後），也是把大腦藏在啤酒冷卻器中。

雖然愛因斯坦很喜歡喝啤酒，但他是有節制的喝，因為他相信「酒精會妨礙思考」。事實上，他每天只喝一大杯德國啤酒。嗯，那就對了，他確實是「Ein Stein」（一杯。譯註：ein 是德文的一，Stein 在德文是石頭，在英文則是酒杯之意）。


# MAR 21 第一則推特文（二○○六年）

科尼斯頓藍鳥啤酒 CONISTON BLUEBIRD ALE 📧🍾

2006 年，Twitter 聯合創始人傑克・多西（Jack Dorsey）寫了第一則推特：「只是設定我的推特」。現在，為了懷念這個著名標誌（譯註：已由小鳥改為 X），請喝一杯科尼斯頓藍鳥啤酒，這款很棒且屢獲殊榮的啤酒，是以唐納德・坎貝爾（Donald Campbell，英國賽車兼賽艇手，曾同時保有陸上及水上最快的世界紀錄）的快艇「科尼斯頓藍鳥號」的名字命名，他在 1967 年在科尼斯頓水域撞毀身亡，我們沒有更多相關訊息可以告訴你。＃對不起

**MAR 22**

## 皮埃爾－約瑟夫‧佩爾蒂埃生日（一七八八年）

### 冰皮爾開胃酒 BYRHH ON ICE

皮埃爾－約瑟夫‧佩爾蒂埃（Pierre-Joseph Pelletier）成功從金雞納樹皮中提煉出奎寧，使這個世界免受瘧疾危害。奎寧也被用於數百種利口酒、芳香葡萄酒、苦味酒和烈酒中，在雞尾酒歷史上發揮了重要作用。如果沒有奎寧，19 世紀歐洲向次大陸的擴張就不可能實現。

邱吉爾曾說過一句著名的話：這種不起眼的琴酒和奎寧水（gin and tonic，即琴通寧，亦有稱琴湯尼、金湯尼）拯救了「比大英帝國所有醫生救過的還要更多的英國人生命和思想」。

現在的苦味酒（bitters）、草本利口酒（herbal liqueurs，譯註：藥草酒）、香艾酒和金奎納酒（quinquina，譯註：一種芳香葡萄酒）的成分都含有奎寧。我們最喜歡的產品之一是「皮爾」開胃酒，這是一種來自法國南部的紅酒，包含咖啡、苦橙、可可、槲寄生和奎寧的橡木桶陳釀調和酒。

可以把這種酒與一片橙皮加冰塊一起啜飲，當作「傍晚」的開胃酒，因為這是討厭的蚊子最猖獗的時刻。

**MAR 23**

## 皮耶‧修德洛‧德拉克洛出版《危險關係》（一七八二年）

### 艾碧斯和薑汁啤酒 ABSINTHE AND GINGER ALE

在這個關於不道德的頹廢和背叛、令人毛骨悚然的故事，弄亂法國貴族的羽毛假髮兩百年後，被改編成由約翰‧馬克維奇（John Malkovich）主演的一部廣受好評的電影。

雖然現在沒人會理那些喜歡誇耀自己「認識名人」的人，但我們真的曾和馬克維奇一起吃過晚餐。沒騙你，這是真的。那是在 2011 年的愛丁堡藝術節上，也就是我們舉辦首場演出的前一天晚上——這場演出是在一個改裝貨櫃裡演出。

馬克維奇一邊喝著精緻的波爾多葡萄酒，吃著精緻的食物，一邊在我們狂熱的影迷後面小心翼翼地咕噥著，指導我們一些必要的表演技巧。他還談到對於「艾碧斯」（absinthe，苦艾酒）的迷戀，我們相當巧妙地回應說這種酒是一種享樂主義精神，也是頹廢、放蕩和不道德的縮影，正像這本 18 世紀法國著名小說《危險關係》裡描繪的貴族生活方式，啟發了這部改編電影。

我們都度過了一個美好的夜晚，真的是這樣，他也答應來看我們演出，不過我們再也沒有見過他。

## MAR 24 莫里斯・費列哥夫去世（二〇〇七年）
### 傑克・尼克勞斯卡本內蘇維濃紅酒
JACK NICKLAUS CABERNET SAUVIGNON

莫里斯・費列哥夫（Maurice Flitcroft）是史上最無望贏球卻又最英勇的高爾夫球選手。46 歲的坎布里亞郡起重機駕駛費列哥夫（Flitcroft）是位高球狂熱份子，他偽裝成職業選手，進入了 1976 年著名的英國高爾夫公開賽的資格賽。

他甚至不是高爾夫球的業餘愛好者，他是在比賽前兩年才開始使用郵購球桿和一雙塑膠高爾夫鞋，並且是在附近學校的操場上進行練習。

在英國公開賽資格賽的第一天，費列哥夫在前往球場時迷路了，因而沒有時間練習。他一生中從未踏上正式比賽場地，在「同行」的專業人士面前，在數百名旁觀者的安靜中，他雙手雙膝跪地，將球放在發球台上，然後揮出了難看的一記重擊。

他如此描述自己的第一次「專業」揮桿：「真是令人大失所望……其實這桿並不算真的太糟，因為球本來可能會直接上升，然後落下並擊中一位官員的頭部，但它並未命中。」

當他揮完 119 次後，最後的總成績是令人震驚的 121 桿，也就是高於標準桿49 桿的成績，這是英國公開賽史上最糟糕的成績。

第二天早上，他成了頭條新聞。然而報紙都誤認為他是一個惡作劇者，而非

一個光榮的夢想家,事實上他真誠的希望自己可以與心中的英雄「金熊」傑克．尼克勞斯(Jack Nicklaus)同場競技。

制定公開賽規則的負責人基思．麥肯齊(Keith Mackenzie)對費列哥夫非常憤怒,禁止他再次參加公開賽。但費列哥夫也開始討厭麥肯齊,因而在接下來的14年裡,他使用了吉恩．佩切基、傑拉爾德、霍皮和曼佛雷德．馮．霍夫曼斯塔爾伯爵等荒謬化名參加比賽,而且常戴著喜劇用的鬍子來騙過他的宿敵。

## MAR 25 約翰．藍儂和小野洋子於阿姆斯特丹的 「和平臥床」抗議行動(一九六九年)

### 魯特經典乾琴通寧與豌豆
### RUTTE CLASSIC DRY GIN AND TONIC WITH PEAS

我們在年紀還小的時候,曾經都在床上遇過幾次難忘的抗議。慶幸的是,並沒有一次會像約翰．藍儂和小野洋子在1969年上演的那次,受到媒體的廣泛報道。

在結婚幾天之後,這對超級巨星夫妻把他們的「蜜月」,變成了表達反對越戰的持續行動。包括躺在阿姆斯特丹希爾頓飯店的床上,談論和平、唱歌、彈吉他、叫客房服務等。考慮到小野吃素的緣故,可能還要放上一、兩個荷蘭鑄鐵鍋才行。

請用這些綠色的球形種子裝飾你的荷蘭琴通寧,給豌豆(譯註:peas 與和平 peace 諧音)一個機會。

## MAR 26 阿爾伯特．索旺撞毀了他的「防撞飛機」 (一九三二年)

### 白蘭地斯瑪旭 BRANDY SMASH

1932 年,法國發明家阿爾伯特．索旺(Albert Sauvant)向全世界宣稱,他創造出了第一架防撞毀飛機。為了證明這一點,他在尼斯(Nice)爬進這架創新

飛機的駕駛艙中，然後被推下 24 公尺高的懸崖。

索旺的防撞毀飛機笨拙地從懸崖上墜落，彈撞在岩石上，摔成碎片。當驚愕的索旺從殘骸中出現時，他小心翼翼地向人群和百代電影公司攝製組揮手，驕傲地宣布除了幾處擦傷外，並沒有嚴重傷害。後來他也宣布實驗取得了重大成功。讓我們用一杯「白蘭地斯瑪旭」（譯註：白蘭地粉碎之意）來紀念這一刻。

## BRANDY SMASH

*50ml 干邑白蘭地 | 5 片新鮮薄荷葉 | 5ml 糖漿 | 冰塊*

- 將所有原料放入裝滿冰塊的雞尾酒調酒器中搖勻，濾入裝有大冰塊的玻璃杯中即完成。

---

# MAR 27 | 查爾斯・坦奎利的生日（一八一〇年）

坦奎利琴通寧 TANQUERAY GIN AND TONIC

18 世紀時，琴酒曾一度讓英國社會瘋狂臣服。在 1723 年的最低谷時，每個男人、女人和孩子（沒錯，連孩子也是）每週都會喝兩品脫琴酒——然而他們喝的並不是純琴酒，而是狂亂的私釀酒，混合了從尿液到硫酸……等各種物質。

但一個世紀後，在通過大量限制琴酒生產的法律後，這種烈酒的聲譽終於由查爾斯・坦奎利（Charles Tanqueray）恢復，他 20 歲的時候就在倫敦開設了第一家釀酒廠。

雖然查爾斯是牧師的兒子，但他躲開教堂的生活，創造出「倫敦乾」（London Dry）琴酒，這是一種加入杜松子、芫荽籽、當歸根和甘草等香料配方，製成新的連續蒸餾風格琴酒。

它甚至優於當時主導市場的「老湯姆」琴酒，使琴酒再次被大眾接受，甚至讓琴酒變得更豪華了。配方裡依然只用了這四種材料，味道也確實不錯，還可搭配一些不錯的奎寧水、大量冰塊和一片萊姆。

## MAR 28 「吹牛老爹」尚恩・庫姆斯宣布希望被稱為「皮迪迪」（二〇〇一年）

詩洛珂伏特加 CIROC VODKA

「詩珞珂伏特加」由法國葡萄精釀而成，嘻哈傳奇人物「吹牛老爹」肖恩・庫姆斯（Sean 'Puff Daddy' Combs）亦持有部分股份。

皮迪迪（P. Diddy）？只有當他酒喝多了的時候吧。我們在 2014 年寫了這篇「有趣」的文章後，第 2 年，就被評論為愛丁堡國際藝穗節（Edinburgh Festival Fringe）上最糟糕的笑話。

## MAR 29 美軍最後一批正規部隊撤離越南（一九七三年）

藍帶啤酒 PABST BLUE RIBBON

1967 年，約翰「齊克」唐納修（John 'Chick' Donohue）在曼哈頓的一家酒吧裡與調酒師喬治林區（George Lynch）聊天，哀嘆席捲全國的反戰抗議活動。

他們厭倦了從越南運回來的木頭棺材——許多在越南作戰的士兵，都是他們在因伍德社區從小一起長大的愛爾蘭裔美國人。

林區建議有人應該幫那些男孩帶點啤酒過去，讓他們知道家鄉的人們並沒有忘記他們。奇克喝掉啤酒，從吧台椅上滑下來，他決定回越南，展開一趟史上最非凡的啤酒之旅。

這位前海軍陸戰隊員揹著一個美國海軍行李包，裡面裝滿了藍帶罐裝啤酒。手上拿著六位當地從軍者的姓名和部隊番號清單，努力為自己爭取到下一艘從紐約出發前往越南的軍艦床位。

他在兩個月後順利抵達歸仁港，身上只穿了牛仔褲、運動鞋和襯衫。幸運的是，他偶然遇到的第一個美軍部隊，就有他名單上的一個人。

於是他假裝自己是這位朋友的繼兄，說服安檢放他通行，然後與來自他家鄉的朋友湯姆・柯林斯（Tom Collins）打開一罐啤酒。

在接下來的兩個月裡，齊克開始了傳奇般的「用啤酒加油」朝聖之旅，穿越了飽受戰爭蹂躪的越南，一邊借坐在直升機、郵機、軍車和輪船上，一邊勾著名單，向這些在前線作戰，不知自己是否能夠回家的朋友們送上啤酒。

齊克因捲入殘酷的春節攻勢而滯留越南，直到 1968 年 3 月他終於回到家鄉，不必再買啤酒了。

## MAR 30 ｜ 伊莉莎白皇太后去世（二〇〇二年）

### 皇太后雞尾酒 QUEEN MUM COCKTAIL

皇太后（伊莉莎白女王的母親）是一個愛彎肘（嗜酒之意）的雜食動物，幾乎總是在喝酒。

她以喝酒廣雜聞名，她喝「夏翠絲」（Chartreuse），也會讓助手們把心愛的「英人牌琴酒」（BeefeaterGin）藏在帽盒裡，她還是「凱歌香檳」（Veuve Clicquot）最高消費等級的私人買家。在 1930 年代，她創立了「溫莎飲酒」俱樂部，這是一個上流社會飲酒圈，其座右銘是「只要烈酒不要水」（Aqua vitae non aqua pura）。

薩伏依飯店的首席調酒師喬・吉爾摩（Joe Gilmore）為紀念她而調製了「皇家薩伏依」（Savoy Royale）雞尾酒──使用香檳、桃子和草莓調製而成。但我們要推薦的是皇太后經常在午餐前享用的這種同名強效「提神飲料」。

---

### QUEEN MUM COCKTAIL

*冰塊 | 25ml 英人牌琴酒 | 50ml 多寶力香甜酒（Dubonnet）|*
*橙皮碎或檸檬皮碎，裝飾用（選用）*

· 將冰鎮玻璃杯裝滿冰塊，倒入琴酒和多寶力香甜酒加以攪拌。想要的話，可以用檸檬或橙皮碎來裝飾。

## MAR 31 | 紅蘭姆贏得全國大賽（一九七三年）

馬頸雞尾酒 HORSE'S NECK

　　1973 年的英國國家障礙賽馬大賽（Grand National）是英國最著名的賽馬傳奇「紅蘭姆」（Red Rum）贏得的三場比賽中的第一場。在落後另一匹名為「俐落」（Crisp）的馬十五個馬身後，紅蘭姆以驚人的速度逆轉，並以破紀錄的時間贏得賽馬大賽史上最激動人心的比賽之一。

　　而另一匹名為法國人氣美食「蝸牛」（L'Escargot）的馬則排名第三。

---

### HORSE'S NECK

*冰塊 | 50ml 波本威士忌 | 少量安格仕苦精 | 130ml 薑汁汽水 | 檸檬皮碎，裝飾用*

· 將波本威士忌倒入加冰塊的玻璃杯中，然後加入苦精，最後倒入薑汁汽水，再用檸檬皮碎裝飾。

---

# 4 月
## APRIL

### APR 1 | 愚人節
愚人金雞尾酒 FOOL'S GOLD COCKTAIL

16世紀末，法國人從「儒略曆」（Julian calendar）改成「格里曆」（Gregorian calendar，西曆），並把新年從 4 月 1 日改到 1 月，但有一群無藥可救的人搞不清楚，還在舊的日期慶祝新年。

他們被大家稱為傻瓜，或者更準確地說，被稱為「四月魚」（April Fish）。而且為了證明這一點，所有記得正確日期的聰明人，都會偷偷的把紙做的魚貼在傻瓜的背上並大喊：四月魚！

很好笑吧。

不過在花了一點時間研究之後，我們覺得魚應該得到更多尊重——我們的意思是，看在「鱈魚」的份上（譯註：上帝 god 被改成鱈魚 cod），魚並不愚蠢，而且還很「菱鮃」（譯註：Brill，聰明，亦可指「菱鮃」這種魚）。無論如何，現在無「魚」沒有多「魚」的時間，可以大談關「魚」接近「魚」蠢的那些雙關「魚」，因為這些「魚」興節目談論了大量的雙關「魚」，一定會讓你感到無濟「魚」事（譯註：作者持續用各種魚的雙關語）。此外，我們也不要鼓勵「魚」人節的行為，因為這樣會讓我們「鰈鰈」不休的吵下去。

讓我們來談「愚人金雞尾酒」吧。

### FOOL'S GOLD COCKTAIL

*60ml 巴素海頓波本威士忌（Basil Hayden's bourbon）| 20ml 新鮮檸檬汁 | 15ml 檸檬酒（limoncello）| 10ml 糖漿 | 冰檸檬片和新鮮鼠尾草，裝飾用*

- 把所有材料（裝飾物除外）與冰塊放入雞尾酒調酒器中搖勻，濾入威士忌杯中，再用檸檬片和新鮮鼠尾草裝飾。

## APR 2 第一個「熊貓線」行人穿越道通行（一九六二年）

竹子雞尾酒 BAMBOO COCKTAIL

誰不喜歡行人穿越道的故事？沒有人不愛吧，真的沒有「人」。告訴各位吧，當 1962 年倫敦滑鐵盧車站外出現新的「熊貓線」道路標記時，雖然採用的是與後來的斑馬線完全相同的配色，但圖案用的是三角形條紋，而不是現在的長方形條紋。聽起來很瘋狂，對吧？

儘管大肆宣傳，這些行人穿越道還是很快就被淘汰了。我們並不知道是什麼原因，也許熊貓不像斑馬那麼受歡迎；也許三角形會讓行人感到困惑；或者也許它們真的很糟糕。原因可能很多：這些問題很少「黑白分明」的。

### BAMBOO COCKTAIL

*45ml 乾雪莉酒 | 45ml 乾香艾酒 | 2 長滴安格仕柑橘苦精 |*
*冰塊、檸檬皮碎，裝飾用*

- 在調酒攪拌杯中加入冰塊攪拌雪莉酒、香艾酒和苦精，然後濾入雞尾酒杯中，並用檸檬皮碎裝飾。

## APR 3 格雷安・葛林去世（一九九一年）

珍寶調和威士忌 J&B RARE BLENDED SCOTCH

作家格雷安・葛林（Graham Greene）活到了 86 歲，除了喝酒和寫作整整 60 年，還曾在獅子山共和國為軍情六處（MI6，英國情報單位）工作、對抗躁鬱症，

並且曾在伯克翰斯德共同區（Berkhamsted Common）和他的兄弟一起玩「俄羅斯輪盤」賭運氣。

威士忌經常出現在他的作品中，最引人注目的一段是他在《哈瓦那特派員》（Our Man in Havana）中描述的喝酒遊戲。主角吉姆・溫伍爾德（Jim Wormwold）在西洋棋遊戲中與古巴上尉塞古拉（Segura）對弈，但桌上的棋子是用他收藏的小瓶威士忌模型來代替。每當吃掉對方棋子時，就必須喝掉該瓶酒，因而造成一道天然屏障，棋手得利的同時又會削弱自己的專注力。

我們並不建議你為了紀念他而嘗試這個遊戲：每一方會有 16 瓶小酒，即使是我們這種勉強及格的數學能力，也能得到這樣的結論：大量的小瓶酒會在你的肚子裡變成一大瓶酒。所以取而代之，請舉起一小杯「珍寶調和蘇格蘭威士忌」。這是格林選擇的威士忌，融合了 42 年單一麥芽威士忌和穀物威士忌。

APR
4 | 瑪雅・安吉羅的生日（一九二八年）
雪莉酒 SHERRY

瑪雅・安吉羅（Maya Angelou）的作品具有史詩般的意義，她的詩歌、戲劇、散文和 7 本極具影響力的自傳，經常可以用來強調非裔美國人所面臨的掙扎與不公平待遇。她在民權運動中扮演了重要角色，並被授予「總統自由勳章」以及許多其他藝術上的榮譽，而且她會一邊寫作一邊喝著雪莉酒。

當然，在瑪雅人生成就的驚人清單上，雪利酒算是最不重要的。但請各位嘗試一下吧，因為有很多種類的雪莉酒可供測試，從「乾菲諾」（dry fino）雪利酒一直到醇郁而溫暖的「佩德羅 - 希梅內斯」（Pedro Ximenez）雪利酒都有。

APR
5 | 潘濂獲救（一九四三年）
蘭姆漂浮雞尾酒 RUM FLOAT

1942 年，一艘德國 U 型潛艇擊沉了班洛蒙德號（SS Benlomond）商船，中國船員潘濂（Poon Lim）是該船唯一的倖存者。但直到 1943 年 4 月 5 日之前完全沒人知道，因為潘在船沉沒時爬上救生筏，獨自在海上漂流了 133 天。雖然他的故事並不是《孤立無援》（out on a limb，小說）的故事來源，但潘的經歷確實體現了這句話。

最後，他終於被巴西漁民在海岸外發現並救上船，而且活到了 72 歲，仍然保持著海上孤獨生存最久的記錄。為了紀念他：來杯「蘭姆漂浮」吧。

---

### RUM FLOAT

*100ml 蘭姆酒 | 2 大球香草冰淇淋 | 5 長滴安格仕苦精 | 可口可樂，注滿用*

· 將蘭姆酒、苦精和冰淇淋放入柯林杯中，並在上面倒入可口可樂，侍酒時附上吸管和湯匙。

---

## APR 6 | ABBA 贏得歐洲歌唱大賽（一九七四年）
### 絕對奢華伏特加 ABSOLUT ELYX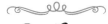

1974 年，瑞典流行樂團 ABBA 憑藉贏得歐洲歌唱大賽的一首《滑鐵盧》，一舉成為全球巨星，而且我們都同意，它仍然是一首「絕對的爆款歌曲」。「絕對奢華伏特加」不僅來自瑞典，也是絕對的爆款伏特加，由單一莊園的冬小麥（winter wheat）為原料，而且是用精美的銅蒸餾器精製而成。

---

## APR 7 | 維奧萊特・吉布森行刺墨索里尼（一九二六年）
### 紅點 15 年老愛爾蘭威士忌
RED SPOT 15-YEAR OLD RISH WHISKEY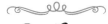

維奧萊特・吉布森（Violet Gibson）是都柏林人，試圖在墨索里尼行走羅馬

街頭時暗殺他。遺憾的是，維奧萊特在 1926 年所開的兩槍，只有一發擊中目標，但只擦傷了他的鼻子。墨索里尼在此之後仍造成了世界近 20 年的嚴重破壞，而維奧萊特卻是在北安普頓的一家精神病院度過餘生。

雖然這不是一個特別令人愉快的故事，但請在你的酒杯中倒一杯愛爾蘭威士忌，並用與墨索里尼鼻子受傷的標記（紅點）相呼應的烈酒來紀念這一時刻，亦即「紅點 15 年老愛爾蘭威士忌」。這是由都在愛爾蘭米德爾頓釀酒廠（Midleton Distillery）生產的三種不同威士忌，分別陳釀然後混合：一種在奧洛羅索雪莉酒桶中陳釀，一種在波本酒桶中陳釀，最後一種是先在波本酒桶中陳釀，然後在西西里的馬薩拉酒桶中陳釀，你相信嗎？

你可能編不出這種故事，但確實是真的。

## APR 8 ｜ 大衛・考柏菲讓自由女神消失（一九八三年）
### 自由古巴加萊姆火焰
RUM AND COKE WITH A FLAMING LIME

1983 年，大衛・考柏菲（David Copperfield）讓自由女神消失了。真的，它消失了。當然，自由女神現在還在——但當時確實不見了。遺憾的是，你無法找到太多關於這種幻覺的鏡頭，因為它實在是太瘋狂了。

既然大衛喜歡戲劇手法，所以為了向他致敬，讓我們在「自由古巴」（蘭姆酒加可樂）中，加入燃燒的萊姆片怎麼樣？對任何侍酒方式來說，這都是非常完美的分散注意力策略，用在提基酒類上看起來會更棒。

準備火焰時，只需將萊姆切成兩半挖空，倒入一些高濃度蘭姆酒，然後讓蘭姆酒浮在飲料表面時點火。

調酒時玩火，就像大衛對 93 公尺高雕像的神奇移動一樣，可能會相當危險，所以千萬不要讓燃燒的液體滴在褲子上。因為你的褲子會立刻著火，看起來就像個騙子一樣。

## APR 9 | 芬蘭語日
### 芬蘭伏特加 FINLANDIA VODKA 🖼

這是給你的一些「結束語」（註：Finish 與芬蘭語 Finnish 諧音），不要責怪我們沒花時間研究：

Salmiakki Koskenkorvan lakritsipohjaisen likööörin maku on haastava，mutta Koskenkorvan kylästä peräisin oleva ohra-vodka，jossa on raikasta lähdevettä ja kevyttä keksiä，on inoerinoi。Hyvin tethty Suomi。ˑ

（如果上面的芬蘭文亂七八糟的話，請責怪谷歌翻譯吧。）

\* 譯註：這段芬蘭文的意思是「SalmiakkiKoskenkorva 的甘草酒口味頗具挑戰性，由富有新鮮泉水和以清甜餅乾著稱的科斯肯科爾瓦村所製作的大麥伏特加，口味創新，為你帶來芬蘭的暖意。」一樣來自谷歌翻譯。

## APR 10 | 《威斯內爾與我》首映（一九八七年）
### 名莊酒 FINE WINE 🖼🍾🍷

這部備受推崇的酒族傑作是嗜酒者心中的絕世經典。但請忽略它所催生的高度不負責任「飲酒遊戲」（鼓勵影迷們模仿滿足主角威斯內爾臭名昭著的解渴喝法：喝一大杯蘋果酒、兩杯半琴酒、六杯雪利酒、十三杯威士忌、四大杯艾爾啤酒、一杯打火機油和九杯半紅酒…）

取而代之，我們要「喝少喝好」，只喝一杯最好的紅酒來慶祝——因為在拍攝過程中，《威斯內爾與我》（Withnail& I）劇組裡的演員和工作人員，一起幫導演布魯斯·羅賓森（Bruce Robinson）品嚐了他個人收藏的兩百支名莊酒（FINE WINE）。如果是在現在的拍賣會裡，布魯斯的酒一定能賣出相當好的價錢。他們在喝酒過程裡見證了瑪歌酒莊（Châteaux Margaux）、龍船堡酒莊（Châteaux Beychevelle）和柏翠酒莊（Châteaux Pétrus）的年份酒，包括 1945 年（世紀年份）、1947 年、1953 年、1959 年和 1961 年。

## APR 11 | 未來主義者發表《未來主義繪畫技術宣言》
（一九一〇年）

未來派雞尾酒 AVANVERA COCKTAIL

未來主義是一場極具顛覆性的運動，其基礎在於相信各種形式的藝術，都可以用來改變義大利社會。未來主義者也將「飲酒」視為民族主義者的力量展示，因為葡萄酒被視為「民族的燃料」，而苦艾酒應該祕密製造，這款義大利以前直接飲用的靈丹妙藥應該被用於調酒上。

支持者們會在中央咖啡（Caffè Del Centro）和薩維尼咖啡（Caffe Savini）等米蘭酒吧聊天、喝酒和打架，當他們仔細爬梳酒瓶時，也創造出一系列非比尋常的未來主義雞尾酒。

由於未來主義者相信過程的隨機性，因此沒有固定的配方——雖然聽起來很酷，但如果你正在寫一本書時，就會有點困擾。以下是「未來派雞尾酒」的近似版本。

### AVANVERA COCKTAIL

*30ml 公雞托里諾香艾酒（Cocchi Vermouth de Torino）|30ml 義式白蘭地 |*
*10 ml 女巫利口酒（Strega）| 冰塊 | 5 片香蕉*

- 將香艾酒、白蘭地和女巫利口酒倒入加冰塊的威士忌杯中攪拌，再用 5 片香蕉裝飾即可上酒。

## APR 12 | 《浩劫餘生》（舊版《猩球崛起》）上映
（一九六八年）

三隻猴子威士忌 MONKEY SHOULDER WHISKY

「把臭爪子從我身上拿開，你這隻該死的骯髒猴子！」這是在 1968 年的經典電影《浩劫餘生》中，槍械愛好者查爾頓·赫斯頓（Charlton Heston）與充滿敵意、

毛茸茸的人猿搏鬥時的吶喊。這部電影改編自皮埃·布爾（Pierre Boulle）的小說《人猿星球》，並憑藉著不斷擴大的系列電影，在全球票房收入超過 20 億美元，真是頂尖。

電影裡比較糟糕的事（對演員來說）就是少了 CGI（Computer-generated imagery，電腦合成影像），因為在炎熱的亞利桑那州沙漠裡，兩百位打扮成黑猩猩的臨時演員，在表演時必須戴上容易出汗的面具，連休息時也必須穿著戲服。所有食物都被打成泥狀，透過吸管食用。

如果想讓他們恢復體力的話，可能可以在那些泥狀的雞蛋沙拉三明治中，拌進一些威士忌。很顯然的，我們應該選擇「三隻猴子」威士忌。

這款威士忌的名字是為了紀念釀酒工人，因為他們用沉重的鏟子翻麥芽一整天後，過度伸展的手臂會習慣性的低垂（這種考驗和磨難應該就像在沙漠中穿著猿猴的戲服一樣）。這款酒是來自詩貝酒廠（Speyside distiller）的三種麥芽調和而成，味道辛辣而甜美，可以直接飲用（也可以搭配從同事背上捉到的免費蝨子）。

## APR 13 | 《皇家賭場》小說出版（一九五三年）
### 美國佬雞尾酒 AMERICANO 🍾🍶🍷🍸🥃

詹姆斯龐德的影迷，經常會把這位並不太秘密的情報員，與他「搖勻，不攪拌」（shaken-not-stirred）的馬丁尼聯想在一起，但他在《皇家賭場》書中點的第一杯雞尾酒，事實上是「美國佬」。雖然「薇絲朋馬丁尼」（Vesper Martini，詳見 5 月 28 日）在賭場的狂歡中成為焦點，但在這本小說中，龐德還點過「凱歌香檳」（Veuve Clicquot）、白蘭地和冰鎮純伏特加，證明他的解渴飲料範圍相當廣泛。

在第二部龐德系列小說《生死關頭》（Live and Let Die）中，雖然他喝完了波蘭伏特加馬丁尼，亦即裡面加了大量琴酒的馬丁尼，但「古典雞尾酒」（Old Fashioned）卻搶盡了風頭。而在第三部《太空城》（Moonraker）小說中，他一共喝了大量伏特加馬丁尼、葡萄酒、純伏特加、香檳王、干邑、威士忌、白蘭地、蘇打水和威士忌等。

目前為止很明顯地，這位情報員的口味並非獨具一格，而是很簡單地選擇了手邊可以拿到的任何酒，而且在《金剛鑽》（Diamonds Are Forever）中，我們很想知道殺死他的會不會是酒瓶而非子彈，因為在這部小說裡，他喝過愛爾蘭咖啡、古典、毒刺（Stinger）和黑色天鵝絨（Black Velvet）等各種雞尾酒，以及無數的馬丁尼、香檳、波本威士忌和啤酒等。

雖然第 5 本書《俄羅斯之戀》（From Russia with Love）是以一杯來自倫敦德布里，迫切需要的濃咖啡作為開頭，但當他啟程前往伊斯坦堡時，你會發覺情況變得越來越糟。在羅馬短暫停留 30 分鐘期間，邦德喝掉了兩杯「美國佬」；抵達雅典後，他喝了烏佐酒（ouzo）；在伊斯坦堡的第一餐裡，他先喝了兩杯乾馬丁尼，然後喝了半瓶卡爾紅葡萄酒（Calvet claret），再來喝了拉克酒（Raki），然後將烤肉串與一瓶卡瓦克爾德（Kavaklıdere）葡萄酒搭配，接著喝了伏特加通寧（vodka and tonic）、斯利沃威茨（slivovitz）李子白蘭地和布諾里歐奇揚地（Chianti Brolio）紅酒，最後則是雙份伏特加馬丁尼。

到了 1961 年的《霹靂彈》（Thunderball），邦德從一開始就對自己喝了太多酒（前一天晚上喝了 11 杯威士忌）表示道歉，我們以為接下來他應該會喝慢一點。但是，不：他沒有記取教訓，而是接著喝了琴酒馬丁尼、布諾里歐紅酒、雙份古典雞尾酒和一杯毒刺雞尾酒。在那個冒險故事結束時，我們不禁想知道這個喝醉了的間諜，怎麼還能看清東西，更不可能打壞人了。

故事就這樣繼續下去，從《海底城》中的香檳王到《女王密使》中的美樂啤酒，龐德既冷酷無情又隨心所欲，使他成為有史以來最放縱的文學人物之一。雖然他並不值得仿效，但為了向他舉杯致意，讓我們回到系列裡的第一杯美國佬雞尾酒，因為它就像龐德一樣是真正的經典。

## AMERICANO

*冰塊 | 45ml 金巴利酒 | 45ml 甜香艾酒 | 蘇打水，注滿用 |*
*柳橙片，裝飾用*

· 在古典杯或高球杯杯中裝滿冰塊，然後加入金巴利酒和香艾酒攪拌。倒上蘇打水，並用橙片裝飾。

APR
**14** │ 林肯遇刺（一八六五年）
布雷特波本威士忌 BULLEIT BOURBON ☒

在 58 年前（大約還要再加一個世紀），美國總統亞伯拉罕·林肯在華盛頓福特劇院觀看《我們的美國表弟》一劇（Our American Cousin）時被槍殺。林肯出生於肯塔基州，他的父親在布恩威士忌公司工作，距離奧古斯都·布雷特（Augustus Bulleit）在 1830 年首次釀造波本威士忌的地方，只有幾個小時的車程。

雖然在林肯被槍殺的紀念日推薦一款名為「Bulleit」（註：跟子彈 Bullet 諧音）的波本威士忌，感覺似乎有點遲鈍，但這種雙關的加強作用，實在讓人很難忽視。此外，湯姆·布雷特（Tom Bulleit，前者的曾孫）在試圖復興他曾祖父的釀造作品過程中，重新推出了一款優質烈酒，這種烈酒在新美國橡木桶中陳釀後富含香草味，並以適量的辛辣黑麥，完美平衡了麥芽漿中的甜玉米。

APR
**15** │ 鐵達尼號沉沒（一九一二年）
泰斯卡十年單一純麥威士忌 TALISKER 10-YEAR-OLD ☒

鐵達尼號的處女航，就像許多航海假期一樣，是一次跨大西洋的感動航程，一次無與倫比的豪飲之旅——至少，在它撞上冰山之前確實如此。

船上儲存了幾萬瓶啤酒、葡萄酒和各種烈酒。諷刺的是，酒吧菜單上有「慕尼黑冰啤酒」，還有羅伯·洛伊（Rob Roy）雞尾酒、羅伯特·柏恩斯（Robert Burns）和布朗克斯（Bronx）等雞尾酒，以及香檳和波爾多葡萄酒。庫存裡還列出了從夏翠絲黃寶香甜酒（yellow chartreuse）和優質雪利酒到乾琴酒和 10 年蘇格蘭威士忌等各種酒款。

而且，就像任何盛大的派對一樣，鐵達尼號上也有一位酷愛飲酒者，他拒絕不戰而敗，因此在派對結束後很長一段時間裡，他還一直喝到天亮。這個人就是船上的首席麵包師查爾斯·賈克林（Charles Joughin）。

當船開始下沉時，賈克林在他的杯子裡倒滿 10 年威士忌，藉酒壯膽。他冷靜

地確保婦女和兒童在數量有限的救生艇上安全就座，自己則拒絕了座位，接著他開始指揮工作人員將麵包送到救生艇上。最後，當船最後一次沉入冰冷深處時，他爬到船頭最高點，平靜入水，頭髮甚至沒有弄濕。最令人驚訝的是，在海裡泡了 3 個小時的賈克林成功活了下來，雖然酒精不能保護你免受失溫影響，但它確實使賈克林能在混亂中保持冷靜。

就 10 年單一純麥威士忌而言，我們建議你選擇「泰斯卡」（Talisker）。休·麥克阿斯基爾（Hugh MacAskill）和肯尼思·麥克阿斯基爾（Kenneth Mac Askill）兩兄弟於 1827 年創立這家釀酒廠，他們最初是為了養羊，所以從艾格島（Eigg）划船前往斯凱島（Skye）。他們避開冰山，安全抵達斯凱島，後來他們覺得養羊有點冒險，於是選擇了釀酒。如今，泰斯卡酒廠已成為美麗的斯凱島上的主要旅遊景點，其單一純麥威士忌廣受世界各地威士忌愛好者推崇。

## APR 16 ｜ 塔利電子戲院開幕（一九○二年）
### 第七藝術雞尾酒 SEVENTH ART 📽🍾🍷🍸🥃

這是一款以電影為主題的雞尾酒，目的在紀念湯馬斯·林肯·塔利（Thomas Lincoln Tally），因為他於 1902 年在洛杉磯開設了第一家電影院，這款酒是由澳洲調酒師安德魯·班內特（Andrew Bennett）所調製。

---

### 𝒮eventh 𝒜rt

*一把爆米花，再加上一點當下酒零食 | 50ml 百加得白標蘭姆酒（ Bacardí Carta Blanca ） | 10ml 夏翠絲黃寶香甜酒 | 20ml 檸檬汁 |*

*15ml 糖漿 | 少許鹽 | 冰塊*

- 將爆米花放入雞尾酒調酒器中壓碎一下，然後加入所有液體、少許鹽和一點冰塊。用力搖晃 10 秒，接著濾入冰鎮的寬口杯中，上酒時旁邊配上一碟爆米花。

## APR 17 | 英國推行累進啤酒稅

### 自選小廠啤酒

BEER FROM A SMALL BREWER OF YOUR CHOICE

請準備好聽一些關於「累進啤酒稅」的誘人枕邊密語吧。太棒了，低級、色色的稅⋯好啦，雖然聽起來不是那麼吸引人，但「累進啤酒稅」（Progressive Beer Duty，譯註：在英國也被稱為「小啤酒廠救星」稅）卻對小廠的精釀啤酒產生了重大影響。英國政府在 2002 年宣布，每年啤酒產量低於 50 萬公升的釀酒廠，只要繳納標準稅率的 50% 即可，幫助了小型啤酒製造商可以放心投資人員和產品。這項新稅制催生了一批更強大、更有創意的新創公司。所以，為了支持小型啤酒廠，今天就請在你家附近買點小廠啤酒吧。

## APR 18 | 麥爾坎・馬歇爾生日（一九五八年）

### 多莉蘭姆酒 DOORLY'S RUM

麥爾坎・馬歇爾（Malcolm Marshall）是一位傑出的巴貝多（Barbados，加勒比海邊緣島國）裔快速球投手，常被譽為有史以來最偉大的板球員之一。他的祖國盛產優質蘭姆酒，與他驚人的才華相得益彰，我們建議你可以去該國參觀席爾家族（R. L. Seale）的四方蘭姆酒廠（Foursquare Distillery）。

就跟馬歇爾一樣，席爾也被認為是蘭姆酒界的佼佼者，但請不要被他獨特的蘭姆酒系列所困擾。對剛接觸四方蘭姆酒廠的人來說，可以嘗試「多莉蘭姆酒」，這是一種尾韻悠長的蘭姆酒，一定會讓你沉醉其中。它同時也是一支很棒的開場酒與全局酒，因此不會讓你喝到出局。它還帶有一種辛辣的表現，「會透過球門傳遞出一些活潑的彈跳感和辛辣的癢感」。最後這句話有道理嗎？可能沒有。但要怎樣才能來場快速導覽呢？而且還不能用瓶子進行「帽子戲法」（喝三瓶）：因為你將面臨崩潰的危險，或至少是比較激進的後續動作。就這樣，我們的導覽結束了，該偷偷來點「篡球」（ball tampering。譯註：類似棒球界的口水球，亦

即利用口水或其他黏性物質改變球的氣動結構），打板球囉！

## APR 19｜首屆世界小姐選美比賽（一九五一年）
### 外交官精選珍藏蘭姆酒
DIPLOMÁTICO RESERVA EXCLUSIVA RUM

世界小姐選美比賽是過去對女性的一種完全不合時宜、厭女、心態扭曲的活動。但即使如此，委內瑞拉小姐贏得勝利的次數，確實比其他國家都多，所以讓我們暫時擱置事件的爭議性。在品嚐「外交官精選珍藏蘭姆酒」的同時，一起欣賞這個國家的壯麗輝煌。這款令人驚嘆不已的委內瑞拉蘭姆酒，既醇郁又柔順，絕對比選美比賽更有品味。

## APR 20｜沃爾多日
### 沃爾多的特色啤酒，拉古尼塔斯釀酒公司
WALDOS' SPECIAL ALE

「沃爾多日」（Waldo Day）可以說是吸毒者的「國慶日」，整整 24 小時都要努力過的大麻節慶。這項活動是由五名加州高中生在 1971 年所發起，他們在下午四點二十分前往校園內的路易‧巴斯德（Louis Pasteur）雕像牆邊閒晃，然後開始放學後的「尋找大麻休閒時刻」（譯註：據說這裡有大麻植株），又稱為「路易斯休息」。而這些自稱「Waldos」（在牆邊閒晃者）的傢伙，卻因他們對這項事業的承諾，讓「420」這個暗號得以傳播，最後變成一個全球性的日期，4 月 20 日被定為「大麻日」。

1993 年，兩位啤酒迷兼 420 暗號的追隨者，在拉古尼塔斯附近的山上點燃了一根巨大的大麻煙捲後，決定開辦一家啤酒廠。因此從這場決無拘束的頭腦風暴中，誕生了拉古尼塔斯啤酒廠（Lagunitas brewery），廠址現在位於加州佩塔盧馬市（Petaluma）。

2011 年，也就是首次 420 集會後 40 年，拉古尼塔斯當地人召集酒廠工作人員，邀請他們釀造一款紀念 420 起源的啤酒。這群大麻愛好者們同意了，因此「沃爾多的特色啤酒」便誕生了。拉古尼塔斯啤酒廠將其描述為「他們所製作過的最潮濕、最快樂的啤酒」。這款「帝國 IPA」（imperial IPA，高酒精濃度啤酒）的酒精濃度為 11%，是一種醇郁、草本、苦澀味的啤酒，可能最好搭配點大麻。不過我們不清楚，因為我們不吸毒，吸毒的都是傻子。

## APR 21 | 事件：羅馬建城日（西元前七五三年）
### 阿法奇朵 AFFOGATO

雖然羅馬不是一天造成的，但傳說它是在西元前 753 年的這一天，由神話雙胞胎羅穆盧斯（Romulus）與瑞摩斯（Remus）所建立。

這對雙胞胎在嬰兒時期就被遺棄，靠著吃母狼的奶才得以倖存。還有，雖然聽起來有點奇怪，但據說掛一對狼睪丸在門把上是種技巧，可以利用真正的狼把想像中的狼擋在門外。最後，狼的胸部分泌初乳，這是一種含有「重要抗體」的水狀乳汁。所以你現在知道如果在野外喝羊奶被抓到時該怎麼說，貝爾·吉羅斯（Bear Grylls，譯註：野外求生節目主角），我們為你找到理由了！

如果要找一杯完全具有相關性的酒品，可以在羅馬喝一杯「阿法奇朵」。這種永遠的餐後酒最棒的部分，就是在杯子裡盛一勺冰淇淋，上面倒上熱熱的濃縮咖啡。冰淇淋可以想像成冷凍的狼奶（應該可以）。我們建議你在倒咖啡之前，添加 25ml 的「格拉帕」（grappa，渣釀白蘭地）酒。

## APR 22 | 世界地球日
### 華納蜜蜂琴酒 WARNER'S HONEYBEE GIN

如果你開始對自己購買的這本書產生懷疑的話，請把它丟進垃圾回收桶中，為世界地球日奠立良好的開始。若想進一步嘗試拯救地球的話，你可以透過喝「華

納蜜蜂琴酒」來實現，裡面有一塊來自釀酒廠蜂箱收集的蜂蜜。而且酒的銷售裡有一定比例用在支持蜜蜂計畫。這點很棒，因為眾所周知，蜜蜂對環境有益。

## APR 23 ｜ 聖喬治節
### 英人牌琴酒 BEEFEATER GIN

　　如果你是英國人，請幫你的酒杯注入一些愛國情操，因為我們自豪的記得聖喬治（Saint George）的功績。然而，值得一提的是，事實上聖喬治從未到過英國——他出生在土耳其，父母是希臘人，在他到利比亞屠龍之前，曾經在羅馬軍隊中擔任官職，後來死在以色列。英國人之所以選擇這位三世紀的殉道者，很可能只是喜歡他的三角形十字架盾牌。

　　無論如何，喬治是士兵、弓箭手、騎兵、騎士、農民和田野工人、騎馬者和馬鞍匠…的保護者。這位聖人也守護著那些患有痲瘋病、瘟疫和梅毒的人——也許我們該給得了梅毒的人們一點隱私。所以，他是英格蘭的守護神。對了，還有喬治亞州——他也是喬治亞州的守護神，還有衣索比亞、加泰隆尼亞、葡萄牙等。希特勒應該也很喜歡他——因為有一群英國新納粹主義者自稱「聖喬治軍團」（Legion of St George）。

　　所以，咳咳，讓我們舉起一杯比較沙文主義的東西，例如琴酒，一種典型的英國烈酒。不過琴酒也不是來自「英國」，琴酒在義大利部分被認為是具有藥用特性的生命之水，採用的是來自中東地區的蒸餾技術，而把杜松子用在烈酒中的作法先在法國普及，然後被荷蘭人取得商業成功。當然，當偉大的釀酒師德斯蒙德·佩恩（Desmond Payne）釀造經典的倫敦英人牌琴酒（London dry Beefeater）時，他採購的杜松子來自義大利，芫荽籽來自保加利亞，當歸根來自比利時，甘草來自中國，橙皮則來自西班牙塞維亞…

　　嗯，祝大家聖喬治節快樂！

# 目擊哈雷彗星（一○六六年）

## 彗星雞尾酒 COMET COCKTAIL

1066 年，當哈雷彗星劃過天空時，每個人都嚇呆了，有一種真正的「世界末日」氛圍。但最終一切安好，所以來享受一杯彗星雞尾酒吧。

### COMET COCKTAIL

*45ml 干邑白蘭地 |25ml 拿破崙香橙干邑香甜酒（Mandarine Napoléon）| 25ml 葡萄柚汁 | 幾長滴安格仕苦精 | 冰塊*

· 將所有原料放入雞尾酒調酒器中加冰塊搖勻，濾入雞尾酒杯中。

# 大聯盟費城人隊推出吉祥物 ── 費城人費納寶

## 三葉草俱樂部 CLOVER CLUB

1978 年，賞鳥人士可能已經觀察到有一種巨大、綠色、不會飛的生物，長著獨特的漏斗狀鼻子，以及從中間出現的紅色伸縮舌頭，跑到了費城人大聯盟棒球場。它看起來更像布偶，而非產自美國東岸的動物。這是相當正確的結論，因為這個新的球隊吉祥物「費城人費納寶」（Phillie Phanatic）並未選擇使用相關的當地生物，而是由邦妮・艾瑞克森（Bonnie Erickson）和韋德・哈里森（Wayde Harrison）所構思而成（艾瑞克森就是設計「玩偶劇場」裡的豬小姐〈Miss Piggy〉、史塔特勒〈Statler〉和沃爾多夫〈Waldorf〉的設計師）。

這隻野獸除了個性不太協調外，他還喜歡用奇怪的舌頭去舔球員的「球」，並且未經許可就觸摸球迷，但他也以搞笑的刁難、快樂的擊掌和隨意的「霍拉舞」（hora dance）動作贏得了球迷的支持。你也可以喝杯「三葉草俱樂部」來慶祝他的存在，這是一款 19 世紀末在費城貝爾維尤斯特拉特福德飯店出現的雞尾酒。這個

精彩的新作品來自紐約酒吧傳奇人物朱莉·雷納（Julie Reiner）。

---

### CLOVER CLUB

*50ml 琴酒 | 20ml 檸檬汁 |20ml 覆盆子糖漿 | 1/2 顆蛋白液 | 冰塊 | 覆盆子，裝飾用*

· 在雞尾酒調酒器中用力搖勻琴酒、檸檬汁、糖漿和蛋白液，加入冰塊再次用力搖晃，濾入寬口杯並用覆盆子裝飾。

---

## APR 26 | 《七武士》上映（一九五四年）
### 卡薩明戈白龍舌蘭酒 CASAMIGOS BLANCO TEQUILA 🔖

很少有電影能像黑澤明導演的 1954 年日本經典電影《七武士》那樣，對電影界產生如此巨大影響。翻拍成狂野西部味的《豪勇七蛟龍》（The Magnificent 7）就是最明顯的致敬者；而星際大戰創始人喬治盧卡斯是他的影迷；昆汀塔倫提諾也是；你還可以在從《駭客任務》、《魔戒》到《瘋狂麥斯：憤怒道》等電影中，找到致敬此片的內容。

不過有一部致敬之作，可以讓上述電影都黯然失色，這部電影就是約翰·蘭迪斯（John Landis）執導的《正義三兄弟》（Three Amigos），由《週六夜現場》傳奇人物吉維·蔡斯（Chevy Chase）、馬丁·肖特（Martin Short）和史蒂夫·馬丁（Steve Martin）主演的喜劇。跟黑澤明電影情節的主要差異在於，蘭迪斯電影中的武士是失業的無聲電影演員。除此之外，它完全可以算是一部電影傑作。

我們建議你觀看《正義三兄弟》時喝「卡薩明戈熟成龍舌蘭酒」（Casamigos Reposado），以便同時向電影與朋友致敬。這是由包括喬治克隆尼（詳見1月18日）、蘭德·格伯（Rande Gerber）和邁克梅爾德曼（Mike Meldman）三位好友合作推出，他們的龍舌蘭球莖在蒸餾前，經過 72 小時緩慢烘烤，產生出一種喝起來平順的烈酒，尾韻略帶甜味，這點表示你可以在不加味的情況下直接面對，就像朋友一樣。

# 荷蘭國王日

## 肯特一號伏特加 KETEL ONE VODKA

雖然荷蘭君主制在 1568 年第一次上任，但當時並沒有人真正關心國王或皇后的生日。而在 1885 年時，大家改變了心意，讓威廉明娜公主享受了第一屆公主大會。這次盛大活動在全國都很成功，從此他們便每年舉辦一次假期來恭祝現任君主的生日。

如今，這個日子已經變成一場盛會：每個人都穿著高彩度的橘色衣服，喝著高濃度的優質酒精飲料。這些酒都很特別，因為荷蘭人在釀製烈酒方面擁有精湛的技巧。

在早期的皇家慶祝活動中，許多最好的酒都來自鹿特丹附近的一座古色古香的城市斯希丹（Schiedam）。雖然小鎮的面積只有 20 平方公里，但在鼎盛時期，這個小鎮擁有四百座麥芽磨坊、烘焙廠和釀酒廠，還有 33 公尺高的風車，其中五座風車至今仍然聳立。

第二次世界大戰削弱了斯希丹的釀酒業領導地位，但今天你仍然可以參觀輝煌的荷蘭琴酒博物館（Jenever Museum），了解琴酒的完整歷史。還可以參觀諾利酒廠（Nolet Distillery），該釀酒廠自 1691 年開始運營，以其琴酒（Jenever）聞名於世。

除了本地烈酒琴酒之外，諾利酒廠還釀造了「肯特一號」。這款奢華的伏特加由卡羅勒斯·諾利（Carolus Nolet）在 1980 年代釀造。他曾前往舊金山考察美國琴酒市場，發現像樣的伏特加相當缺乏。調酒師們也回應了對精緻伏特加的渴望，因此諾利使用傳統的銅罐蒸餾器「Distilleerketel #1」創造出自己的伏特加，為烈酒增添額外的複雜度和口感。

今天可以喝點肯特一號，然後穿上橘色衣服。

## APR 28 | 哈波・李的生日（一九二六年）

### 龍舌蘭反舌鳥雞尾酒
#### TEQUILA MOCKINGBIRD COCKTAIL

美國大文學家哈波・李（Harper Lee）創作了 1960 年普立茲獎經典作品《梅岡城故事》（To Kill a Mockingbird），因此我們相信她會欣賞這種酒跟小說標題之間的雙關（譯註：書名也可以翻成「喝掉一杯反舌鳥」）。我們真的太機智了，對吧，哈波？

---

### TEQUILA MOCKINGBIRD COCKTAIL

*60ml 龍舌蘭酒 | 15ml 薄荷甜酒（crème de menthe） | 15ml 萊姆汁 | 7.5ml 糖漿 | 冰塊 | 薄荷葉，裝飾用*

- 將所有食材（裝飾物除外）放入雞尾酒調酒器中，加入冰塊搖勻。濾入雞尾酒杯並用薄荷葉裝飾。

---

## APR 29 | 韓特・S・湯普森出席肯塔基德比大賽
（一九七〇年）

### 薄荷朱利普 MINT JULEP

記者韓特・S・湯普森（Hunter S. Thompson）在經歷過世界上最著名的賽馬比賽之一後，為此次活動撰寫記錄，於《史坎倫月刊》上發表了一篇標題為「肯塔基德比頹廢且墮落」的文章。他描述這項活動是：「一個奇妙的場景——成千上萬的人暈倒、哭泣、交媾、互相踐踏，並以破威士忌酒瓶互毆。」

幸運的是，後來的健康、安全相關措施，已經平息了這項活動的暴亂，但威士忌依然存在，每年有超過十萬杯薄荷朱利普在此售出。你可以盡情享受一、兩杯，但要說明一下的是——千萬不要用破威士忌酒瓶打架。

APR
**30**

## 兔寶寶首次登場（一九三八年）

### 「啥事呀？老兄？」雞尾酒
WHAT'S UP DOC? COCKTAIL

「啥事呀？老兄？」好吧，讓我們告訴你：兔寶寶（Bugs Bunny）這隻兔子是以創造者班・巴格斯・哈德威（Ben 'Bugs' Hardaway）的名字命名，本來的設定是一隻「野兔」（hare）。因此最初在 1938 年《豬小弟獵野兔》中出現的是野兔，但由於這隻長耳朵的生物與兔子享有相同的分類地位，所以我們不要「區分野兔」吧（splitting hares，譯註：也是吹毛求疵之意）。就是這樣，各位。

## 5月
### MAY

## 勞動節

### 一品脫真正的艾爾啤酒 PINT OF REAL ALE

五一勞動節意味著我們正在跳莫里斯舞（Morris Dancing），也就是英國版的紐西蘭哈卡舞（Haka，譯註：毛利人傳統戰舞）。

莫里斯舞者身穿白色板球衣，頭戴船夫帽，腿上掛著一個鈴鐺。他們揮舞著白手帕，彼此擊棍，圍繞著地板上呈十字交叉的兩個白色煙斗跳躍與旋轉。

通常還會伴隨著手風琴和小提琴手，拼命的想讓你的耳朵流血。當莫里斯舞結束時，每個人都需要喝一杯。最好是一杯真正的艾爾啤酒，盛裝在表面有許多像酒窩凹陷的品脫杯中。

## 奧利佛・里德過世（一九九九年）

### 毒刺雞尾酒 THE STINGER

奧利佛・里德（Oliver Reed）酗酒的一生雖然悲慘，但絕不無聊。他是一位具有騎士風範的惡棍，對狂歡有著永不滿足的胃口；他也是一位令人難以置信的演員，曾經一度是好萊塢片酬最高的明星之一。

他出生在倫敦西南部綠樹成蔭的郊區，據里德聲稱，他是 17 世紀俄羅斯統治者彼得大帝，這位「高級流氓」的旁系後裔。

里德曾在一項電視訪談裡說，「我心目中的美好時光，就是和幾個朋友聚在一起，盡可能地喝得酩酊大醉」。由於他的朋友包括理查德・哈里斯（Richard Harris，譯註：鄧不利多教授）、李察・波頓（Richard Burton，知名演員）、喬治・

貝斯特（George Best，知名足球員）、亞歷克斯‧希金斯（Alex Higgins，知名撞球手）和「何許人合唱團」（The Who）鼓手基思‧穆恩（Keith Moon），因此，里德的美好時光看起來相當危險。

然而里德不知何故，熬過了幾十年的酗酒惡習，他的去世反而是在一段罕見的相對少喝的時期。在雷利史考特執導的《神鬼戰士》中，里德在扮演奴隸販子之前，向導演保證他只會在周末喝酒。

然而，這位英俊的酗酒狂在瓦萊塔的一家小酒館裡和馬爾他水手比腕力，度過了他人生最後的幾個小時，接著他倒地身亡。里德在螢幕上說出的最後一句台詞之一是：「你賣給我一群同性戀長頸鹿（You sold me queer giraffes.）。」

葬禮結束後，在愛爾蘭科克郡他最喜歡的酒吧裡，舉行了為期 10 天的守靈活動。里德曾經好心的在酒吧放了一萬英鎊請酒錢—「但僅限給予那些迫切需要喝酒的人」。

里德最喜歡喝的酒之一是薄荷甜酒，所以讓我們來杯「毒刺」（Stinger，又稱史汀格）。

## THE STINGER

*60ml 干邑白蘭地 | 25ml 薄荷甜酒 | 冰塊*

- 將干邑白蘭地和薄荷甜酒放入調酒攪拌杯中與冰塊混合，然後濾入裝有碎冰的經典威士忌杯或不倒翁杯（tumbler glass）中。

## MAY 3 ｜ 詹姆斯‧布朗的生日（一九三三年）
### 珍寶調和蘇格蘭威士忌
J&B RARE BLENDED SCOTCH WHISKY

Get down. Get on up. And do your thing. And then take it to the bridge. Can you take it to the bridge? Good God.

下來／快起來吧／做好你的事／然後把它帶到橋上／你能把它帶到橋上嗎？／天哪。

（譯註：這是有「靈魂樂教父」之稱的歌手詹姆斯・布朗〈James Brown，本條目 J&B 的由來〉，在一次表演中半唱半唸的歌詞。）

# MAY 4 星際大戰日（五月四日與你同在 *）

## 伍基傑克啤酒 WOOKEY JACK IPA

《星際大戰四部曲：曙光乍現》（最早上映的星際大戰電影）中唯一的酒吧場景，發生在摩斯艾斯利酒吧（Mos Eisley cantina）。這裡並不是適合「第一次約會」的地點，到處都是一臉憤怒的外星人、兼差的貨船飛行員和外表狡猾的星際社會渣滓小人。這裡的服務鬆散，菲格林・德安（Figrin D'an，外星人樂手）和他的全比思樂團（The Modal Nodes）只演奏了一首歌。小酒館不為機器人提供服務，也不提供花生，天知道這些酒客到底吃什麼啊？

因此，我們要推薦的是來自加州火石行者（Firestone Walker）酒廠的未過濾伍基傑克啤酒，而不是酒館裡喝的那種奇怪的紅色液體。

* 譯註：May the force be with you（原力與你同在）與 May the 4th be with you（5 月 4 日與你同在）諧音。

# MAY 5 畢・圖曼扭傷脖子（一九五六年）

## 雲水淡啤酒 CLOUDWATER HELLES

1956 年足總盃（FA Cup）決賽中，曼城隊的德國門將畢・圖曼（Bert Trautmann）勇敢地撲倒在伯明罕隊前鋒彼得・墨菲腳下，結果扭到了脖子。圖曼認為只是肌肉拉傷，於是他摀著脖子繼續比賽，完成幾次神奇的撲救，並帶領球隊以3比1獲勝。3天後，X 光檢查顯示他有五塊頸椎脫臼，幸運的是並沒有造成癱瘓。

在足總盃決賽中幾乎扭斷脖子，並非圖曼非凡一生中最引人注目的部分。年輕的圖曼出生於德國不來梅，是很典型的亞利安人——金髮、碧眼、身材高大，

而且熱愛運動。

受時代精神感召，他在年僅 17 歲時便加入德國軍隊，經歷了一場難以言語形容的戰爭。在東線戰場上，他的部隊被轟炸了好幾回，困在廢墟下 3 天，然後被俄羅斯人和法國人俘虜。

他兩次都逃脫了，最後在跳過柵欄並落在兩名正在吃午飯的士兵腳邊後，被英國人逮捕。他們對他說「你好，德國佬，想喝杯茶嗎？」

圖曼被關押在蘭開斯特戰俘營，首次在比賽中擔任守門員後，他拒絕了德國的戰後遣返，留在英國為聖海倫斯隊踢球。他的守門能力很快就引起了職業隊伍的興趣，曼城隊在 1949 年簽下他。

曼城球迷非常憤怒，他們對戰後如此快速穿上俱樂部球衣的「前敵人」感到震驚，街上到處充斥著死亡威脅、仇恨郵件和挑釁，這些還只是自己球隊球迷的行為而已。

當曼城對上富勒姆時，憤怒的卡雲農舍球場響起了「希特勒萬歲」的口號，但在球門幾次精彩的防守表現後，圖曼贏得了兩隊球迷的起立鼓掌，富勒姆的球員則自發性地列隊致敬。

15 年來，他為曼城隊踢了五百多場比賽，並因改善英德關係而獲得大英帝國勳章。在頒授獎項時，女王說：「啊，圖曼先生，我記得你。你的脖子還會痛嗎？」

這款入口可舒緩頸部的德國淡拉格風味啤酒，來自曼徹斯特居領導地位的雲水精釀啤酒廠，將柔和的曼徹斯特水與啤酒花，以及來自德國的皮爾森麥芽相互結合。這是真正美妙的酒滴（drop），我不是說圖曼掉（譯註：drop 有酒滴或掉球之意）了很多球啊。

# MAY 6 | 杜桑・盧維杜爾轉換立場（一七九四年）
## 咖啡馬丁尼 ESPRESSO MARTINI

前奴隸兼軍事策劃者杜桑・盧維杜爾（Toussaint L'Ouverture）解放了聖多明哥的奴隸，該國現在被稱為「海地」。

1794 年的這一天，最初是為西班牙而戰的這位「黑臉拿破崙」，把他的四千多

名軍隊調往支援法國這邊，條件是法國必須讓他的人民自由。雖然這個轉變為法國人帶來勝利，但幾年後，他們又想在海地恢復奴隸制，因此，盧維杜爾遭到了背叛。

1803 年，盧維圖爾因法軍談判誘騙，被囚禁在汝拉山區，並因食物短缺餓死。在死前他警告俘虜他的法國人：「推翻我的過程中，你們只砍倒了自由之樹的樹幹；它還會從根部重新成長，因為它們數量多且根深蒂固。」

他說的沒錯，僅在一年之內，海地的自由戰士們在重擊法國軍隊後獲得獨立。

雖然杜桑・盧維杜爾被認為是造成海地解放的主要因素，但杜桑還有一種鮮為人知的遺產是液體形式，這是一種與他同名的利口酒，由阿拉比卡咖啡豆注入 3 年的加勒比海蘭姆酒所製成，可以用來調製很棒的咖啡馬丁尼。

---

## ESPRESSO MARTINI

*30ml 伏特加 | 30ml 杜桑咖啡利口酒（Toussaint Coffee Liqueur）|*
*30ml 義式濃縮咖啡 | 冰塊 | 咖啡豆，裝飾用*

・將所有食材（裝飾物除外）放入雞尾酒調酒器中，加冰塊搖勻。濾入冰鎮馬丁尼杯中，再用咖啡豆裝飾。

---

## MAY 7 ｜ 法國殖民者創建紐奧良（一七一八年）
### 颶風雞尾酒 HURRICANE COCKTAIL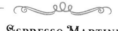

這款超棒的提基風味蘭姆酒經典作品，創始於 1940 年代紐奧良的佩特・歐布萊恩酒吧（Pat O' Brien' s Bar）。

在第二次世界大戰期間，酒吧要獲得搶手的蘇格蘭威士忌和干邑白蘭地的唯一方法，就是以大量進貨方式購買，其中也包括大量搭配買入的粗糙加勒比海蘭姆酒。因此，佩特・歐布萊恩迫切希望能擺脫酒窖裡滯銷的蘭姆酒，於是他設計了一種雞尾酒，不僅銷完了庫存，還掩蓋掉原先粗糙的口味。

他把調好的酒裝在颶風杯裡給口渴的水手們，颶風杯是一種大得離譜、可以翻騰液體的高腳杯，以類似老式颶風燈形狀而得名。

## MAY 8 | 歐戰勝利紀念日
### 什麼酒都行 ANYTHING

在第二次世界大戰中，「戰敗方」領導人沒有一個愛喝酒。東條英機是個滴酒不沾的極權主義者，墨索里尼只喝牛奶，希特勒除了在自殺前不久喝的香檳外，並不會用任何醉人的東西弄濕自己的希特勒式鬍子。

相較之下，「戰勝方」的領導人都是貨真價實的酗酒者。邱吉爾對品嚐酒類的熱愛堪稱傳奇（詳見 11 月 30 日），史達林是一位伏特加狂飲者，而羅斯福每天都為自己調製馬丁尼，而且還宣布解除禁酒令。

讓我們以 1945 年每個人都做過的事，來慶祝酒精戰勝了邪惡——喝任何你能拿到的東西吧（記得負責任的喝）。

## MAY 9 | 《阿肯色州報》出版首刊（一九四一年）
### 波本雛菊 BOURBON DAISY

鼓舞人心的民權領袖黛西·貝茲（Daisy Bates），勇敢地協助終結了美國學校的種族隔離。

貝茲出生於阿肯色州南部，童年充滿創傷：母親在三名白人企圖強姦時反抗而被殺，她自己則被父親拋棄，後來是由家人的朋友在一間「獵槍小屋」（shotgun shack，譯註：美國南方當時常見的窄長連棟木屋）裡撫養長大。

她在一所全黑人學校就讀，在那裡用的是白人學校淘汰下來、破舊過時的教科書勉強學習，長大後她跟從事記者工作的先生，在小岩城創辦了《阿肯色州報》（Arkansas State Press）。

該報致力於報導小岩城的非裔美國人社區，堅定不移地倡導公民權利並譴責出於種族動機的暴力行為，其激烈的社論主要在關注阿肯色州的學校，廢除種族隔離的問題上，因為該地的種族偏見已深入人心。

1954 年，最高法院裁定種族隔離的學校違憲時，貝茲帶著黑人小孩到當地的白人學校註冊。當學校像過去一樣拒絕黑人入學時，她便在報上加以報導。

反對者向她的窗戶丟石頭，並在她家屋頂上放置一個燃燒的十字架，但貝茲絲毫沒被嚇倒。1957 年 9 月，在艾森豪總統派出的國民兵團協助下，她成功地將九名勇敢的黑人小孩，帶入小岩城中央高中，當時學校外面站著一群憤怒、咆哮的白人暴民威脅著。

「我的眼睛不會太乾，」她在自傳中寫道「當這群暴民終於駕車離去時，我看到父母們的眼裡都含著幸福的淚水……」

「小岩城事件」（Little Rock Nine）代表了民權方面的重大勝利，迫使美國政府全面執行 1954 年最高法院的裁決。可惜的是，這種擇善固執的熱情讓黛西的報社陷入困境——由於企業不願意投放廣告，《阿肯色州報》在 1959 年被迫關閉。

小岩城事件裡的九名學生中，好幾位都擁有傑出的事業成就。1999 年，柯林頓總統授予他們「國會金質獎章」，而且他們都被邀請參加歐巴馬總統在 2009 年的就職典禮。請舉起一杯「波本雛菊」雞尾酒來紀念黛西・貝茲。

## Bourbon Daisy

*50ml 波本威士忌 | 15ml 白柑橘香甜酒（triple sec）| 15ml 新鮮檸檬汁 |*
*7.5 毫升紅石榴糖漿（grenadine syrup）| 冰塊 | 橙皮捲片，裝飾用*

- 將所有食材（裝飾物除外）放入雞尾酒調酒器中，加冰塊搖勻。濾入馬丁尼杯，用橙皮裝飾。

## MAY 10 曼德拉就職典禮（一九九四年）

葛拉漢貝克氣泡酒 GRAHAM BECK BRUT NV

尼爾森・曼德拉（Nelson Mandela）在被判處終身監禁 30 多年後，在南非首次多種族議會選舉中大獲全勝，宣誓就任南非第一位黑人總統。

曼德拉的就職典禮有 4 千多位嘉賓出席，包括來自各國政界的知名人士，全球幾十億人透過電視轉播觀看曼德拉的就職典禮。雖然南非經歷過幾十年的種族隔離和暴力統治，但他發表的演講顯然不帶任何個人怨恨。

伴隨著勇氣、同情心和非凡的慷慨精神，曼德拉宣布：「治癒傷口的時刻已經到來，我們將建立一個社會，讓所有南非人，無論黑人或白人，都能夠昂首闊步，心中沒有任何恐懼，確保他們不可剝奪的人類尊嚴權利，建立一個與自己跟世界都能和平相處的彩虹國度。」

在這場歷史上最重要的演講之一中，人們可以想像卡斯楚、菲利普親王和布特羅斯・布特羅斯 - 加利（前聯合國秘書長）等人，正小心翼翼地試圖引起服務生注意，因為他們端著盛滿南非氣泡酒的托盤。

葛拉漢貝克氣泡酒由產自距離開普敦不遠的布里德河谷中的夏多內（Chardonnay）和黑皮諾（Pinot Noir）葡萄製作，不僅出現在這個歷史性的日子裡，也在歐巴馬的總統派對上供應，因而贏得「總統特選」的稱號。

## MAY 11 傑克・麥考利夫的生日（一九四五年）

西岸 IPA 啤酒 WEST COAST IPA

美國的「精釀啤酒革命」（Craft-brewing revolution）是由一位名叫傑克・麥考利夫（Jack McAuliffe）、不愛出風頭的男人悄悄發起的。麥考利夫受到擔任海軍時駐紮在蘇格蘭所喜愛的艾爾啤酒啟發，於 1976 年在加州北部的索諾瑪，創建了美國第一家現代精釀啤酒廠。這家新阿爾比恩（New Albion）啤酒公司的釀造器具均採用手工焊接和錘擊而成，麥考利夫經過家庭釀酒廠的磨練所產生的配

方，生產出具有英國特色的「瓶裝調理」（Bottle-conditioned，繼續在瓶中發酵）啤酒。

然而，麥考利夫發現自己有點太冒進了。沒有錢，沒有一群志同道合的精釀啤酒隊伍，於是他被困在一片淡啤酒的汪洋中，只能靠自己一個人的過濾器具啟航。經過 6 年慘澹經營後，公司破產了。

不過麥考利夫的創新，等於為後進者鋪上了紅地毯，精釀啤酒運動中的每一款精釀啤酒，都是他努力開創下的液體遺產。所以，請用淡啤酒向他的犧牲致敬。

## MAY 12 | 世界詩歌日（Limerick Day，利莫里克日）
一杯蘋果酒（可配香腸）A GLASS OF CIDER

有一位名叫艾妲的年輕女士
當她肚子餓到難以容忍時
只要讓她享用蘋果酒
配上大香腸的話
她的心情就會變好了
　　　　——由本書作者撰寫

## MAY 13 | 世界雞尾酒日
賽澤瑞克 SAZERAC

雖然「雞尾酒」（cock-tail）這個名詞的出現，在酒類歷史學家中尚有許多爭議，但多數認為「雞尾酒」這個名詞首次出現在 1806 年的這一天，就在紐約一份名為《平衡與哥倫布知識庫》（The Balance, and Columbian Repository）的報紙中首次被定義，內容是這樣描述的：「雞尾酒是一種刺激性的酒，由任何種

類的烈酒、糖、水和苦味酒組成。它可以讓人的心變得堅強而大膽，同時又讓頭腦變得混亂。」

---

### SAZERAC

*杯內塗抹苦艾酒 | 60ml 干邑白蘭地 | 2.5ml 糖漿 |*
*2 長滴裴喬氏苦精（Peychaud's bitters）| 冰塊 | 檸檬皮碎，裝飾用*

- 在威士忌杯內部倒一點苦艾酒沖洗杯子，然後倒掉。
- 將干邑白蘭地、糖漿和苦味酒放入調酒攪拌杯中，加入冰塊慢慢攪拌。濾入苦艾酒沖洗過的杯子中。將檸檬皮碎中的油擠到飲料表面，然後放進杯中或丟棄。

---

## MAY 14 | 戈登・貝內特過世（一九一八年）

### 貝內特雞尾酒 THE BENNETT COCKTAIL

戈登・貝內特（Gordon Bennett）是《紐約先驅報》（New York Herald）創始人的兒子，他是典型的英國人在表達「天哪！」這類懷疑感嘆詞的靈感來源。

貝內特作為編輯的著名事蹟，便是僱請亨利・莫頓・史坦利（Henry Morton Stanley）尋找大衛・列文斯頓博士（Dr David Livingstone），並將他從非洲荒野帶回來。不過，人們更記得他的是一個浮誇、揮霍的花花公子形象，例如他曾經招搖地點火燒錢，因為他抱怨錢放在口袋裡不舒服。

甚至在最近，他還因「有史以來最嚴重的失禮行為」而被追列入金氏世界紀錄。這是因為喝得酩酊大醉的貝內特出席了未婚妻舉辦的紐約社交名流聚會，結果他竟在壁爐裡小便，以為那是廁所。

貝內特的未婚妻在她的兄弟們打算毆打貝內特之前，立即解除了婚約。於是貝內特帶著羞恥感搬到法國——因為在法國，這種粗魯是完全可以接受的。

## MAY 15 | 拉斯維加斯開埠（一九〇五年）

### 原子雞尾酒 ATOMIC COCKTAIL

雖然拉斯維加斯建市於 1905 年，但 1950 年代才能算是拉斯維加斯蓬勃發展的時期。

當法蘭克・辛納屈（Frank Sinatra）和黑手黨在賭城大道（Strip）上的有益健康度假酒店裡喝著馬丁尼時，美國原子能委員會開始在內華達沙漠中，距公路僅 60 英里的地方試爆原子彈。

當時，廣島原爆的驚恐尚未平息，美國民眾仍對輻射感到恐懼。但這是拉斯維加斯，這座城市裡臭名昭著的商會，從蘑菇雲中看到了發財的機會。

它們印行記載有試爆時間的日曆，以及觀看爆炸的面北全景最佳場地。賭場也舉辦派對，雖然有真正的輻射風險，但狂歡者們還是在爆炸將黑夜變成白天時瘋狂跳舞。

具有指標性的金沙酒店及賭場，甚至還舉辦了一場「原子能小姐」選美比賽，參賽者裝扮成蘑菇雲，沙漠酒店則提供令人驚嘆的景觀，並創造出應景的「原子雞尾酒」。

情況一直持續到 1963 年，地面核子試爆結束為止。真的很遺憾，因為我們寧願讓自己的臉融化，也不想再次坐在凱撒宮（Caesar's Palace）酒店觀看席琳狄翁的演唱會。

## ATOMIC COCKTAIL

*40ml 伏特加 | 40ml 干邑白蘭地 | 20ml 阿蒙提雅多雪莉酒（Amontillado sherry）| 冰塊 | 香檳注滿 | 橙片，裝飾用*

· 在雞尾酒調酒器中加冰塊搖勻伏特加、干邑白蘭地和雪莉酒，濾入冰鎮的馬丁尼杯，倒上香檳，然後用橙片裝飾。

## MAY 16 | 艾略特·內斯過世（一九五七年）

### 順風禁酒年代調和蘇格蘭威士忌 CUTTY SARK PROHIBITION EDITION BLENDED SCOTCH WHISKY

艾略特·內斯（Eliot Ness）是在禁酒令期間打倒「疤面煞星」卡彭（Capone）的人。

內斯在 1902 年出生於芝加哥，領導一群被稱為「鐵面無私」（因為拒絕受賄）的禁酒局幹員，經常突襲卡彭的非法啤酒廠和釀酒廠，讓他損失近 9 百萬美元。

為了報復，卡彭對內斯極不友善。這位 29 歲的探員主管曾多次受人身恐嚇，車子也多次被盜，辦公室電話不斷被竊聽，他還有一名線人的臉部中了四槍。

然而內斯堅定不移的查緝，收集了足夠證據指控卡彭逃稅和釀酒。不過法官選擇只追究逃稅，因為他們不希望陪審團同情那些提供每個人想要的東西（酒）的人。

內斯並不喜歡禁酒令。在摧毀卡彭的私釀生產後，他向報紙記者提供了沒收的酒品，以換取正面報道，他甚至還曾是順風禁酒年代調和蘇格蘭威士忌（CuttySark whisky）的忠實酒迷。

## MAY 17 | 《綠野仙蹤》童話書出版（一九○○年）

### 德國藍仙姑氣泡酒 BLUE NUN

茱蒂・嘉蘭（Judy Garland）是在 1939 年根據李曼・法蘭克・鮑姆（L. Frank Baum）等人所著童話書改編成「綠野仙蹤」（Wizard of Oz）電影時飾演主角。而早在 80 年代開始流行之前，她就是德國甜酒「藍仙姑」的忠實愛好者，經常用該酒來服下利他能（Ritalin），這是一種用於治療過動症（ADHD）的神經系統興奮劑，不過我們建議你還是只喝德國藍仙姑就好。

## MAY 18 | 拿破崙成為法國皇帝（一八〇四年）
### 拿破崙瑪格麗特 NAPOLEON MARGARITA

當醫生接生拿破崙時，發現他的牙齦裡已經有了幾顆牙齒。

根據英國民間傳說，這種獨一無二的的罕見情況，只發生在註定要征服世界的嬰兒中，也剛好就是這位小獨裁者想做的事。

拿破崙聰明且殘酷，征戰出一個從莫斯科到葡萄牙的廣大帝國，並在整個歐洲引入了自由主義啟蒙運動，他同時也必須對幾百萬人的無情死亡負責。

許多人把拿破崙的殘暴行為，歸因於他對自己身材矮小的自卑，但事實上他的身高是 170 公分，在當時屬於平均身高。這種「拿破崙情結」（Napoleon Complex）源自於一位名叫詹姆斯・吉爾雷（James Gillray）的英國諷刺畫家，他畫了一幅喬治三世手裡拿著一個小小的拿破崙，來諷刺這位法國皇帝。

雖然拿破崙酒喝得不多，但他啟發他的朋友兼業餘釀酒師安托萬・福克羅伊（Antoine-François de Fourcroy，當時一位化學家）釀造出「干邑拿破崙香橙酒」（Mandarine Napoléon），這是一種由陳年干邑白蘭地和產自拿破崙故鄉科西嘉島的柑橘，調合而成的絕妙組合。

雖然小小一瓶，但它可以用來製作一杯美妙的瑪格麗特。

### NAPOLEON MARGARITA

*30ml 干邑拿破崙香橙酒 | 60ml 龍舌蘭酒 | 30ml 萊姆汁 | 15ml 龍舌蘭糖漿 | 冰塊 | 玻璃杯口用鹽 | 萊姆皮碎，裝飾用*

> • 將所有材料（裝飾物除外）放入雞尾酒調酒器中，加冰塊搖勻。濾入裝滿冰塊的鹽口威士忌杯中。用萊姆皮碎裝飾。

## MAY 19 | 巨人安德烈的生日（一九四六年）

### 布德瓦啤酒（比原版百威啤酒更濃厚的版本）
BUDWEISER BUDVAR RESERVE

安德烈·雷內·魯西莫夫（André René Rusimoff）在 12 歲時，身高 190.5 公分，體重超過 109 公斤，已經擠不進父親的車，必須乘坐貝克特（Samuel Beckett，譯註：荒謬主義劇作家）的卡車載他去學校，貝克特會在車上和他談論板球。然而即使按照貝克特的標準，這種事情聽起來也很荒謬，但這些都是安德烈生活中發生的重大且奇怪的事。

他出生在法國阿爾卑斯山的陰影下（譯註：法國中北部），被診斷出患有「肢端肥大症」（acromegaly），這是一種罕見的、會加速生長的腺體綜合症，通常會讓頭、手和腳變大。

安德烈被告知他的壽命可能只有 20 幾歲，但他並沒有坐在長床一端，悲傷地盯著他的超大鞋子，而是擺脫了痛苦的束縛，穿上一件巨大的緊身衣來奮戰生命。

身高約 231 公分、體重 226.8 公斤的「巨人安德烈」（André the Giant），在 20 多年職涯的大部分時間裡，不僅主宰了世界摔角界，成為好萊塢偶像，還創下 6 小時內一次喝掉 119 瓶百威啤酒的世界紀錄。

雖然安德烈喝啤酒就像一般人喝水一樣，但有件事讓這項壯舉變得更為容易，因為 80 年代的美國啤酒喝起來淡得像水一樣。他的龐大體型讓他平均每一天可以消耗 7 千卡路里的酒精，也就是相當於 53 瓶啤酒的酒精。每、一、天。

# 巴斯塔・萊姆斯的生日（一九七二年）

## 拿破崙干邑加冰塊 COURVOISIER ON THEROCKS

法國干邑地區應該不是一個會與「幫派饒舌」（Gangster rap）音樂聯想在一起的地方。當地的葡萄農夫或許會用「呵～」（hoes。譯註：鋤頭，發音類似嘻哈嘿呵的呵～）來翻動葡萄園的土壤；也許在獵鴨時可能會帶幾把槍；「母狗」（bitches）在秋天肯定很擅長尋找松露……而且，顯然這裡有太多的「鵝肝」（foie gras。譯註：發音類似 Fuck），很可能會讓你需要買一對「更大的小鵝肝」（Bigger Small。譯註：饒舌歌手「聲名狼藉先生」的綽號）。

但關聯就是結束在這些「Endz」（嘻哈歌詞中常用來代表金錢）的地方。如果沒有美國嘻哈音樂，干邑白蘭地就會遇上大麻煩。在 1990 到 2000 年代，非裔美國人文化幾乎憑藉一己之力，將該區酒的銷量，從毀滅性的銷售低迷中拯救出來，因為 Jay-Z 喜歡押「Yak」韻（與干邑 Cognac 同韻），尤其是在一首「無法打擊喧囂」（Can't Knock the Hustle）的歌曲中。

然而，真正的推動力出現在 2001 年，當時巴斯塔・萊姆斯（Busta Rhymes、他的本名是 Trevor George Smith）與嘻哈傳奇人物吹牛老爹（P. Diddy）和菲瑞・威廉斯（Pharrell Williams）合作發行的《傳這瓶拿破崙干邑 II》（Pass The Courvoisier II）。

這首排行榜冠軍歌曲的歌詞過於粗俗，恕我們無法在此重複，但它頌讚了這種擁有 3 百年歷史的法國蒸餾酒品質，帶動了干邑白蘭地（尤其是拿破崙干邑）的銷量飆升。儘管歌曲中有一些非常粗魯的言語以及跟暴力、厭女症、毒品和槍支犯罪的不當聯繫，但嘻哈音樂的一臂之力，已經悄悄地受到了各大干邑品牌的歡迎。

法國這個鄉村地區的人們，可能依舊對白蘭地的音樂聯想感到困惑。因為此地有一半人口年齡在 50 歲以上，談到嘻哈音樂（Hip Hop。譯註：Hip 原意為臀部，Hop 則是跳躍的意思），更可能是指骨盆位置的醫療手術，而不是 N.W.A.（Niggaz Wit Attitudes。譯註：著名嘻哈團體「有態度的黑人」）、P. Diddy（吹牛老爹）或 Wu Tang Clan（武當派。譯註：亦為著名嘻哈團體）。

**MAY**
**21**

## 怪頭 T 先生的生日（一九五二年）

胡言亂語西海岸淡艾爾啤酒，倫敦啤酒廠

JIBBER JABBER WEST COAS TPALE ALE

T 先生在 80 年代的熱門電視劇《天龍特攻隊》中，飾演怪頭（B. A.Baracus，壞脾氣的巴拉克斯），他所扮演的技師，可以用牙線和衛生紙之類製造出各種軍用車輛。他還會說「我可憐這個傻瓜」和「別胡言亂語了」（jibber-jabber）之類的話。

**MAY**
**22**

## 國際帕洛瑪日

帕洛瑪雞尾酒 PALOMA

「帕洛瑪」是一款非常棒的龍舌蘭雞尾酒，由唐・哈維爾・德爾加多・科羅納（Don Javier Delgado Corona）調製，他是墨西哥龍舌蘭鎮傳奇酒吧「禮拜堂」（La Capilla）的老闆。這款飲料清爽樸實，容易製作，也是一種比直接喝下一杯龍舌蘭酒，更好的龍舌蘭酒品嚐方式。

### PALOMA

*杯口用鹽 | 冰塊 | 60ml 龍舌蘭酒 | 15ml 萊姆汁 | 葡萄柚蘇打水，注滿用 |*
*葡萄柚角片，裝飾用*

· 在柯林杯口抹一圈鹽，依序加入冰塊、龍舌蘭酒和萊姆汁。攪拌後在上面加入
　葡萄柚蘇打水，再用葡萄柚角片裝飾。

**MAY**
**23**

## 世界烏龜日

海龜回憶淡啤酒，貝德拉姆啤酒廠

TURTLE RECALL PALE ALE

有一個人走進書店，詢問櫃檯後面的女士一本關於烏龜的書。

「精裝本？」她說。（譯註：精裝本 Hardback，也有「背部很硬」之意。）

「是的，」他回答。「而且它們的頭也很小。」

請喝一罐來自東薩西克斯的貝德拉姆啤酒廠（Bedlam Brewery）出產的「海龜回憶」淡啤酒——每罐捐十便士協助拯救海龜。

## MAY 24 全國蝸牛日（美國）
### 小麻煩 TROUBLETTE，蝸牛啤酒廠

人類吃蝸牛已經有 3 萬多年的歷史，但沒有一個國家像法國一樣的支持這種腹足類美食，在法國吃奇怪的東西和聳肩，就像一種全民運動。

在法國餐廳裡，蝸牛會浸泡在大蒜、歐芹（巴西里）、奶油和葡萄酒中，因為將任何東西浸泡在大蒜、歐芹、奶油和葡萄酒中的東西都會變得美味，甚至連蝸牛也可以。

蝸牛的蛋白質含量高、脂肪含量低，跟枸杞和奇亞籽一樣，都是超級的永續食物。但它們的烹調和宰殺方式，讓葛妮絲・派特洛這樣的人，不會把它們貼在自己的 IG 帳戶上。

這些蝸牛有好幾種死法。有些是把蝸牛埋在一碗鹽裡，然後在翻騰的泡泡中向它們道別。另一種比較人道、也能更好地保留味道的方法，就是把它們放進冰箱裡的密封罐中，讓他們和緩地窒息。

（我們知道這也不算好，但是，拜託各位，它們只是蝸牛。這就像是他們對於在 2006 年吃掉所有農作物的回報。所以，當你關上冰箱門時，請盡量忽略它們那對可憐兮兮的觸角。）

如何烹飪蝸牛？嗯，蝸牛並不如你所想像的速食快餐。在油炸或烘烤之前，至少要先煮上兩個半小時。除此之外，醃製的過程可能還要花上幾個小時。

當食材夠「新鮮」時，它們吃起來很像肉，但味道卻更精緻，配上大蒜和歐

芹時，需要搭配一種乾爽、礦物味十足的白酒，例如夏布利（Chablis）白葡萄酒。或者，如果你想延續蝸牛主題的話，便可搭配來自瓦隆尼亞的蝸牛（Caracole）啤酒廠所出品的一款名為「小麻煩」的比利時白啤酒。它的瓶身標籤上有一隻蝸牛的圖片，喝起來有草藥味，有足夠的苦味來穿透奶油味，還有夠活潑的碳酸氣泡來提振味蕾。

## MAY 25 ｜ 卡米洛・內格羅尼伯爵的生日（一八六八年）
### 內格羅尼雞尾酒 NEGRONI

一般認為是由義大利人卡米洛・內格羅尼伯爵（Count Camillo Negroni），激發出這款招牌開胃酒的創意。

他在 1890 年代搬到紐約，擔任競技牛仔和擊劍教練，結果禁酒令迫使他返回義大利佛羅倫斯，他也因此成為卡索尼咖啡館（Café Casoni）的常客。

1919 年的一個晚上，他想喝杯比平常喝的「美國佬雞尾酒」更烈一點的酒，調酒師福斯科・斯卡塞利（Fosco Scarselli）便使用琴酒代替蘇打水。為了增強植物味，福斯科用橙片取代檸檬，內格羅尼雞尾酒就此誕生了。

### NEGRONI

*30ml 琴酒 | 30ml 金巴利香甜酒 | 30ml 甜香艾酒 | 冰塊 |*
*橙皮捲片，裝飾用*

・將所有食材（裝飾物除外）放入加冰塊的玻璃杯中攪拌。濾入裝滿冰塊的經典威士忌杯中，然後用橙皮裝飾。

## MAY 26 ｜ 全國紙飛機日
### 摺紙清酒 ORIGAMI SAKE

製作紙飛機的正式名稱為「摺紙」（origami），請用清酒慶祝。

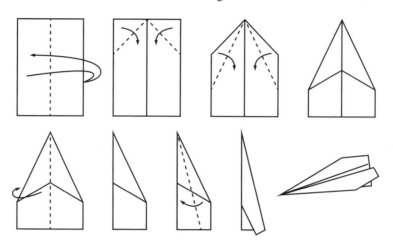

## MAY 27 | 狂野比爾希科克的生日（一八三七年）
美國威士忌（一口杯、直飲）AMERICAN WHISKEY ▣

狂野西部的傳奇民間英雄、神槍手狂野比爾希科克（Wild Bill Hickock），因爲喝了太多威士忌而得到「狂野比爾希快杯」（Wild Bill Hiccup）的稱號。儘管如此，據說這位「手槍之王」能在 50 步外擊中黑桃 A。不過也有人說其實他是一個濕濕髒髒、鬼鬼祟祟的槍手，只會趁敵人不注意時開槍偷襲，不能算是真正的牛仔射手。

1876 年，他在南達科他州戴德伍德玩撲克時，被傑克・麥考爾（Jack McCall）從他背後射擊的子彈命中身亡。希科克得年 39 歲，但他的牌是該局贏家：五張牌裡持有一對 A 和一對 8。這也讓他得以在死後進入「撲克名人堂」（Poker Hall of Fame）。

## MAY 28 | 伊恩・佛萊明的生日（一九○八年）
薇絲朋馬丁尼 VESPER MARTINI ▣ 🍾 🍸 🥛

很少有文學家會比詹姆斯龐德系列小說的創作者伊恩·佛萊明（Ian Fleming），更注重飲酒方面的品味。佛萊明曾是二戰期間在海軍情報部門工作的前情報員，他跟龐德一樣對女人、高爾夫、賭博和跑車，有著永不滿足的胃口——不過他本人最壯觀的特技，可能只是倒車撞上運牛奶車而已。

雖然 007 是個荒唐的酗酒者（但在 14 本小說裡只寫到兩次宿醉），但佛萊明本人卻非常鍾情琴酒，在他喝最多的時期，每天一瓶。當醫生建議他停止喝琴酒時，他改喝波本威士忌。

佛萊明於 1953 年在他的牙買加莊園「黃金眼」（Goldeneye，也是他的小說之一）裡，創作了《皇家賭場》（Casino Royale）一書，書中提到的「薇絲朋馬丁尼」，據說是酒保在倫敦杜克酒店向他推薦的。這裡的「白朗麗葉酒」（LILLET BLANC）是一種法國「開胃酒」（aperitifwine），而 aperitif 的法文原意則是「假牙」。

---

### VESPER MARTINI

*45ml 伏特加 | 15ml 琴酒 | 5ml 白朗麗葉酒 | 冰塊 | 橙皮捲片，裝飾用*

· 將所有食材（裝飾物除外）放入雞尾酒調酒器中，加冰塊搖勻。濾入馬丁尼杯，然後用橙皮裝飾。

---

## MAY 29 | 國家餅乾日
### 加里波底雞尾酒 GARIBALDI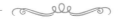

朱塞佩·加里波底（Giuseppe Garibaldi）是義大利統一過程裡的革命功臣，而且肯定是歷史上唯一一個以餅乾和雞尾酒的形式而永垂不朽的人物。

義大利傳統餅乾是由壓碎的醋栗（譯註：一種漿果）為原料，夾在兩層薄薄的餅乾麵團之間，上面點綴了更多壓碎的醋栗。而下面這兩種雞尾酒原料，也象徵著義大利南北的統一：來自倫巴第的金巴利酒象徵加里波底自由戰士的紅襯衫，鮮橙汁則來自西西里島南部。

餅乾不適合搭配雞尾酒，我們試過了，確實不行，所以你最好喝杯好茶來配餅乾。

---

## GARIBALDI

*50ml 金巴利 | 冰塊 | 鮮榨柳橙汁注滿 | 柳橙角片，裝飾用*

· 將金巴利倒入裝滿冰塊的小高球杯中。加入柳橙汁攪拌，然後用橙角片裝飾。

---

# MAY 30 | 伏爾泰過世（一七七八年）
## 飛翔的法國人 FLYING FRENCHMAN

伏爾泰，知名的法國啟蒙運動聰明人，每天喝 50 到 72 杯咖啡。

如果一般人攝取這麼多咖啡因，就會發現自己像嬰兒一樣，前後搖晃，自言自語，鼻涕泡也會從鼻子裡冒出來，或者頻頻上廁所等。

然而對伏爾泰來說，身為哲學家、詩人、戲劇家、劇作家、作家和諷刺法國社會的譏諷者，飲用大量的這種黑色物質，便是他多產創作的來源。

許多倡導「言論自由」的人，誤將下面這句話歸功於伏爾泰：「我不同意你所說的，但我將誓死捍衛你說話的權利。」事實上，這句話是由他的傳記作者所寫。

我們能確定的事是他寫過一首諷刺詩，指控奧爾良公爵與自己的女兒私通。遺憾的是，當時法國的「言論自由」並沒有延伸到「亂倫」的部分，尤其是涉及國家的攝政王時。因此，伏爾泰被關在巴士底監獄的一間沒有窗戶的牢房裡 11 個月——那裡當然不提供低脂拿鐵。

---

## FLYING FRENCHMAN

*30ml 苦艾酒 | 30ml 咖啡利口酒 | 30ml 濃縮咖啡 | 冰塊*

· 將所有材料放入雞尾酒調酒器中，加冰塊搖勻，然後濾入馬丁尼杯中。

---

## MAY 31 | 克林伊斯威特的生日（一九三〇年）

金色凱迪拉克 GOLDEN CADILLAC

　　為了慶祝克林的生日，我們要來吃點冰淇淋。1980 年代，當克林伊斯威特擔任加州卡梅爾海邊鎮鎮長時，廢除了當地一項「禁止在鎮上的人行道販賣和食用冰淇淋」的奇怪法律。

　　當然在他的時代裡，他也從事過一些表演和導演啦，不過為了紀念他對小鎮冰淇淋商人的服務精神，讓我們把「笑具」（laughing gear，譯註：嘴）放在一輛用冰淇淋而非雙層奶油製成的「金色凱迪拉克」上，這是一款由加州「普爾瑞德酒吧」（Poor Red's Saloon）調製的雞尾酒。

---

### GOLDEN CADILLAC

*25ml 加利安諾香甜酒（Galliano）| 25ml 白可可香甜酒（white crème de cacao）| 35ml 香草冰淇淋 | 冰塊 | 肉桂粉，裝飾用*

・將所有食材（裝飾物除外）放入雞尾酒調酒器中，加冰塊搖勻。濾入雞尾酒杯，撒上肉桂粉裝飾。

---

## JUN 1 ｜ 巴黎麗茲酒店開幕（一八九八年）

### 含羞草雞尾酒 MIMOSA

15 歲的時候，凱撒・麗茲（César Ritz）工作的旅館老闆告訴他，他永遠不會在旅館業取得任何成就。

但這位來自瑞士農民家庭 13 個孩子中的么子，挑戰了這種蔑視的期待，努力成為可說是有史以來最偉大的酒店經營者，甚至有一種美味餅乾是以他的名字命名。

他以對細節的關注和讓高級客戶滿意的能力而聞名，他與當時歐洲頂級廚師奧古斯特・埃斯科菲耶（Auguste Escoffier）建立穩定的合作關係。他們一起開設倫敦薩沃伊飯店，定義了現代的奢華酒店。在 8 年多的時間裡，（據說）他們竊取了相當於 250 萬英鎊的葡萄酒和烈酒、回扣以及招待客戶的費用。

他們在辭職後，利用這筆錢在巴黎開設麗茲酒店，其常客包括可可・香奈兒、海明威和（不太受歡迎的）德國空軍人士，後者在第二次世界大戰期間，將此飯店作為總部。

一般認為在 1920 年代時，調酒師法蘭克・邁爾（Frank Meier）在這裡調製出「含羞草」雞尾酒，其中的一種成分「柑曼怡香甜酒」便是由麗茲命名。這種酒最初僅被稱為「曼怡」（Marnier），麗茲在品嚐後非常喜歡，並將其命名為「大曼怡」（Grand Marnier，譯註：柑曼怡為音譯）。

---

### MIMOSA

*12.5ml 柑曼怡香甜酒 | 40ml 柳橙汁 | 120ml 香檳*

- 將柑曼怡酒和柳橙汁倒入香檳杯中，並加滿香檳。

# JUN 2 | 聖地牙哥之戰（一九六二年）

## 皮斯可潘趣 PISCO PUNCH

在地圖上看智利，你會發現它的形狀類似辣椒（譯註：智利 Chile 發音同辣椒 chilli，暗示其火爆行為）。所以，當智利主辦 1962 年世界盃（足球賽）時，事情變得棘手也毫不奇怪。這是世界盃史上最暴力的一場賽事，前兩天就出現了四張紅牌、三件腿骨折、一件腳踝骨折和一些肋骨骨折等事件。

這些還只是在「聖地牙哥之戰」前，也就是那場智利和義大利之間長達 90 分鐘的混仗，甚至在開球前就正式拉開了爭鬥的序幕。在這場比賽之前兩年，智利發生可怕的地震，一場導致 2 百萬人無家可歸的天災，義大利記者竟然在報上嘲笑這個廢墟遍地的國家，並批評賽事組織。然後，為了做更好的比較，他們甚至還質疑智利女性的美學品味（外貌）。

比賽當天，聖地牙哥體育場擠滿了 6 萬 6 千名憤怒的當地人，在英國裁判基思・阿斯頓（Keith Aston）丟硬幣之前，智利人向義大利人臉上吐口水。

在激烈的 5 分鐘內，比賽演變成一場龐大的卡通式鬥毆──一片巨大的比安諾（Beano，英國漫畫雜誌）式的塵埃雲，因為各式各樣的拳、腳和咒罵聲從各種角度湧現。

2 分鐘後，一名義大利球員因出暗腳被罰下場。當他拒絕離開時，智利警方介入把他拉出場（請乖一點啊）。在更多的犯規和打架之後，另一名義大利人又被罰下場（但他試圖偷偷溜回來）。

下半場出現更多的爭吵、吐口水、鏟倒和各種低級犯規行為，終場智利隊以 2：0 擊敗了只有 9 名球員的義大利隊，但在此之前，已經有人鼻樑被打斷，警方又介入了三次。疲憊的英國裁判阿斯頓吹響終場哨聲後，立刻被一記左勾拳打在下巴上。

## PISCO PUNCH

*11 人份（或 9 人份，如果你是義大利人的話）*

*70ml 皮斯可酒 | 250ml 鳳梨汁 | 500ml 氣泡水 | 250ml 檸檬汁 | 大塊冰塊 | 冰塊 |*
*糖漿鳳梨片，裝飾用*

> ・將所有液體材料倒入裝有一大塊冰塊的潘趣酒碗中。接著分盛杯中，加入冰塊，並以糖漿鳳梨片裝飾。

## JUN 3 世界自行車日
### 四十五天的地獄（淡拉格），兩杯啤酒酒廠
45 DAYS OF HELL(ES) TO ØL

哥本哈根有超過三分之二的公民騎自行車上班或上學，常被認為是世界上最棒的自行車城市。

它們當然也有很棒的啤酒。「To Øl」是這座城市的創意啤酒釀造商之一，意思是「兩杯啤酒」。而「ToOl」（工具）也是你用來修理自行車的東西，他們的解渴聖品「45 天的地獄」（45 days of Helles，譯註：原意為「45 天的淡拉格」，酒名故意隔開成 Hell 地獄＋ es 複數）啤酒，是你長途騎行最佳的必備工具。

## JUN 4 謝恩・沃恩的世紀之球（一九九三年）
### 2017 年金柏瑞「掩護擊球」卡本內蘇維濃
JIM BARRY 'COVER DRIVE' CABERNET SAUVIGNON, 2017

在板球運動員謝恩・沃恩（Shane Warne）的職業生涯中，不論球場內外，他都用他的「球」（譯註：balls 亦可指男性睪丸）做出了驚人事蹟。然而其中最偉大的，莫過於他在 1993 年英格蘭和澳洲隊之間的一場測試賽中所投出的「世紀之球」。在陰沉的老特拉福德球場的第 2 天，這位略顯微胖、相對較沒名氣的金髮碧眼澳洲人，第一次在「板球對抗賽」（Ashes Test，亦稱灰燼盃）中投球。

他的對手是身材粗壯的麥克・加廷（Mike Gatting），這位在板球對抗賽中打過 40 多局的擊球手，也是一位熟練的旋轉球球員。沃恩漫步走來，手腕翹起，並以快速旋轉的斷腿（leg-break，譯註：球從腿側穿出）動作，穿過加廷的視線。

它落在外側腿邊的一塊磨損場地上，然後急劇向後折彎跨過加廷的腳墊、球棒和他相當寬的腰圍。當蓋廷揮出他經典的向下防守動作時，球以驚人的速度旋轉而迷惑他，滑過球棒並擊落了他的三柱門橫木。

目瞪口呆的加廷呆看著球場幾秒，「就好像有人剛剛偷走了他的午餐，」英格蘭隊長葛拉漢·古奇回憶的說，「如果是乳酪卷，他一定不會錯過。」

在多年來的「速度保齡球」（bowling，譯註：板球投手命中三門柱，如同保齡球打倒球瓶一樣）之後，「世紀之球」迅速復興了「旋轉保齡球」藝術，並標誌著澳洲在灰燼杯統治地位的開始——沃恩在整個23年的灰燼盃生涯中，只輸過一次系列賽。

## JUN 5 | 丹麥國慶日
丹麥的阿夸維特 DANISH AKVAVIT ⬚

你們家走丹麥風（hygge）嗎？我們雖然不喜歡自誇，但的確如此。時至今日，它已經一路上升到11點了（up to eleven 譯註：指把音量調到最大，這裡指的是到處都看得到）。

雖然已經6月了，但我們還是穿著北歐針織衫，在香氛蠟燭的搖曳燈光下，一手拿著丹麥糕點，一手拿著一杯玫瑰果茶，我們幾乎把所有的東西都換成丹麥風了。書架上放著運動傳記，還有一台復古時髦的打字機。

要達到最高形式的丹麥風還需要「阿夸維特」，亦即丹麥的國飲。這是一種用植物成分蒸餾而成的烈酒，其中最著名的是葛縷子和蒔蘿，偶爾也會加入小荳蔻、大茴香、茴香、芫荽、檸檬或橙皮。有些丹麥自由派人士甚至喜歡搭配孜然。

## JUN 6 | 《慾望城市》首播（一九九八年）
柯夢波丹雞尾酒 COSMOPOLITAN ⬚🍾🍷🍸🥛

《慾望城市》（Sex and the City）播出於1998至2004年間，是一部非常成功的喜劇影集，講述了4位富有、獨立、成功的白人女性在紐約的生活，故事圍

繞著鞋子、性、購物、晚餐，老實說，還有搶奪男人等，不過不一定是按照這個順序。

從女性主義角度對女性形象的描繪，當然會有其缺陷。回顧過去，種族問題、社會關懷和性別多樣性的缺乏，都可能讓這齣影集在今日難以立足，不過它確實促成了「柯夢波丹」雞尾酒在全球的成功：外表賞心悅目，易於製作，甚至更順口——加上「火焰橙皮」後，更增添了戲劇性。

說到火焰，柯夢波丹裡含有蔓越莓汁，對膀胱炎（譯註：因為膀胱炎痛起來像火燒）非常有效。

---

## COSMOPOLITAN

*40ml 檸檬伏特加 | 15ml 君度橙酒（Cointreau）| 10ml 萊姆汁 | 20ml 蔓越莓汁 | 冰塊 | 橙皮，裝飾用*

· 將所有食材（裝飾物除外）放入雞尾酒調酒器中，加冰塊搖勻。搖勻後濾入冰鎮的雞尾酒杯中。擠壓橙皮噴油點火，然後放入酒杯中。

---

## JUN 7 ｜ 迪恩馬丁的生日（一九一七年）
### 蘇格蘭蘇打 SCOTCH WHISKY WITH SODA

在毫不費力地追求「酷」的過程中，迪恩馬丁（Dean Martin）並未胡搞瞎搞。他在俄亥俄州的一個小鎮長大，十五歲就輟學加入黑幫，幫非法地下酒吧運送私酒。

馬丁是個為人有趣、聲音柔美、相貌英俊的流氓，他在擔任更嚴肅的角色之前，是以出色的鬧劇演員展開演藝生涯，與同為「鼠黨」的法蘭克·辛納屈和小山米·戴維斯（Sammy Davis Junio）一起出演了幾部電影。

「迪諾」（Dino，暱稱）是個衣冠楚楚的酒鬼，他童年時對禁酒令的蔑視，讓他對禁酒主義者不表示任何尊重。

很少有人看到他手上沒拿著威士忌酒杯的樣子，他會故意表現出和藹可親的酒醉行為，說話含糊，扮演一個喝醉了、目光呆滯的歌手以博取笑聲。但他知道

如何克制飲酒，他喜歡喝的是淡蘇格蘭威士忌加蘇打水。

## JUN 8 | 喬治·歐威爾的《1984》出版（一九四九年）
黑岸司陶特 BLACKSHORE STOUT，艾登斯酒廠 ⌨🍾

　　喬治·歐威爾（George Orwell）是英國最著名的小說家之一。除了他對反烏托邦的未來有著不祥預告的《1984》外，他還寫過《水下的月亮》（The Moon Under Water），這是一篇極具代表性、關於完美而神秘的英國酒吧的文章。他還寫了《動物農莊》（Animal Farm），這是一個以共產主義豬和一隻識字的聰明山羊穆里爾為主角的寓言故事。

　　歐威爾在薩福克海岸的紹斯沃爾德（Southwold）度過許多時光，那裡有一間很受歡迎的艾登斯（Adnams）啤酒廠，從 1872 年以來就一直在這裡。他們生產優質啤酒（以及一些優質烈酒）「黑岸司陶特」，這是一種美味、絲滑的「黑美人」啤酒，顏色比歐威爾式的惡夢還深。

## JUN 9 | 彼得大帝的生日（一六七二年）
俄羅斯伏特加 RUSSIAN VODKA ⌨

　　如果你把過去的沙皇按照政治意義上的重要順序，堆放成一組俄羅斯娃娃時，彼得大帝（Peter the Great）將會是最大的一個——其他所有不太重要的沙皇，都得藏在他的木頭肚子裡。

　　他身高 200.7 公分，無論從哪方面看都相當巨大——甚至在戴上那頂毛茸茸的俄羅斯大帽子之前也是如此。在 53 年的統治期間，他成功擴張了俄羅斯帝國版圖，建立聖彼得堡，並在啟蒙運動的啟發下，奠定現代俄羅斯賴以建立的文化和行政機構。

　　當然，他的施政措施並非都管用。例如他組織了矮人婚禮，並命令他們從派裡跳出來。他還在王座後面養了一隻寵物猴子，並訓練一隻熊每天幫他拿伏特加。

　　他還用熊拉的雪橇向農民分送伏特加，並設計了一個三重蒸餾裝置，有助於

提高俄羅斯伏特加的純度。

他也被稱為「反基督者」（Antichrist）——不過，沒有人是完美的。

## JUN 10 | 第一屆大學划船比賽（一八二九年）
### 富樂年度精選啤酒 FULLER'S VINTAGE ALE 📧🍾🍷

每年春天，成群結隊的上流人士聚集在泰晤士河沿岸，觀看劍橋與牛津大學的划船比賽。這是帶有理想化、舊照片色調化的英國「過去」精英主義的一場宿醉。

當時的大學工作人員都是由真正的學生組成的，例如名叫雨果的一位「該死的好人」，他留著高聳髮型，正在研究神學之類的東西。

但這些笨手笨腳抓螃蟹的貴族們，已經被擁有殺手級腹肌和明顯二頭肌的國際精英，亦即「職業」競艇運動員所取代，他們可能正在攻讀靠不住的「休閒管理」博士學位。

沒有人真正關心誰贏了——因為這只是在河邊喝幾品脫啤酒的藉口。觀看這些魁梧的年輕人與他們的小槳來回划水的最佳地點之一，就是位於奇斯威克區、歷史悠久的「富樂」（Fuller）啤酒廠，這是類似波特酒這種老式啤酒的故鄉。

買兩瓶，喝一瓶，另一瓶收藏起來，當它升值時可以賣掉，加入英國精英階層，然後送你的孩子去讀「牛橋」（Oxbridge，牛津劍橋的簡稱），即使胖小孩也可以唸。

## JUN 11 | 逃離惡魔島監獄（一九六二年）
### 「相信自由」淡啤酒，第 21 修正案啤酒廠
### BREW FREE! OR DIE IPA 📧🍾🍷

1930 至 60 年代，惡魔島聯邦監獄（Alcatraz Prison）是美國戒備最森嚴的聯邦監獄機構。

這座監獄位於距離舊金山海岸兩公里的島嶼，幾乎不可能逃脫。但這並沒有阻止 3 名武裝劫匪嘗試這項壯舉：約翰·安格林和克拉倫斯·安格林兄弟以及法

蘭克・莫里斯 3 人；他們有從高度戒備機構脫逃的記錄，而且智商還高得離譜。

他們花了 3 個月的時間，以鋒利的湯匙在牢房通風口挖掘逃生通道，利用監獄發放的雨衣製作了簡易木筏，並用監獄理髮店的肥皂和頭髮製作了假人頭，於是他們終於逃走了。

在爬過排水管、爬上監獄屋頂、剪開圍欄、躡手躡腳走過堤防到達岸邊後，他們就再也沒有出現過。

當雨衣製的簡易木筏碎片被沖上城市海岸時，一般認為他們已經淹死。由於尚未找到屍體，他們依舊留在聯邦調查局的「頭號通緝犯」名單上。2016 年時，曾經出現過一張 1975 年拍的照片，上面的兩名巴西男子酷似安格林兄弟。

## JUN 12 《法櫃奇兵》首映（一九八一年）

約翰走路黑牌 JOHNN IEWALKER BLACK LABEL 🍷

史蒂芬史匹柏這部史詩動作冒險經典，確實有很多值得喜愛之處。例如在帽子後面追來巨石、印第安納瓊斯（哈里森福特飾）對著揮舞劍的匪徒直接開槍、一隻穿著背心的納粹卷尾猴，以及衣架的惡作劇（譯註：大家害怕地以為是刑具，結果是衣架）等。

還有一場很棒的酒吧打鬥場面，瓊斯用「約翰走路」酒瓶，打倒兇狠的暴徒。哈里森福特因其精彩表演而獲得金球獎，但評論家卻可恥地忽視了穿著背心、同情納粹的捲尾猴。

## JUN 13 麥坎・邁道爾的生日（一九四三年）

霍斯福斯淡啤酒 HORSFORTH PALE，霍斯福斯啤酒廠 🍷🍾

在史丹利庫柏力克（Stanley Kubrick）的電影《發條橘子》（A Clockwork Orange）中，亞歷克斯（邁道爾飾演）在科羅瓦奶吧（KorovaMilkbar）裡慢慢的喝牛奶，眼睛注視著觀眾。

不過，他喝的並不是標準的半脫脂食物，而是「摩洛克＋」（Moloko Plus），一種牛奶「雞尾酒」，其中添加了會令人顫抖的巴比妥混合物，亞歷克斯說：「可以讓你為老式的極端暴力做點準備」。

畫面裡的一切都相當刺激神經。所以，不妨換一杯產自麥克道爾出生地「霍斯福斯」的美味淡啤酒。

## JUN 14 | 麥可・喬丹為芝加哥公牛隊投進最後一球贏得 NBA 總冠軍（一九九八年）

### 薩凱帕 23 頂級蘭姆酒
RONZACAPA CENTENARIO SISTEMA SOLERA 23 RUM 🍹

麥可・喬丹為芝加哥公牛隊投進的最後一球，被譽為 NBA 史上最精彩的投籃之一。

在芝加哥落後並僅剩 5.2 秒時，喬丹投進一記 6.1 公尺跳投，幫助球隊以 87 比 86 領先：他們連續第三次奪冠，也是 8 年來第六次奪冠。它重申了喬丹作為有史以來最偉大籃球運動員的地位。賽後，公牛隊讓他的 23 號球衣退休了。

喬丹隨後推出了自己的龍舌蘭酒，但價格非常昂貴。因此，我們選擇這款令人驚嘆的瓜地馬拉蘭姆酒。它與喬丹的號碼（23）相同，而且也在「高海拔」的橡木桶中緩慢陳釀——像喬丹一樣的「停留在空中」很久的時間。

## JUN 15 | 「全吃」先生的生日（一九五〇年）

### 夏翠絲 CHARTREUSE 🍹

米歇爾・洛蒂托（Michel Lolito）興高采烈地大吃碎玻璃片時，年僅 9 歲。

這是「異食癖」（Pica）的早期症兆，這種疾病會讓你吃下一些不該吃的東西。1966 年，洛蒂托決定全心全意擁抱這種疾病，成為一個新奇的表演者，並被稱為「全吃先生」（Monsieur Mangetout）。

在超過 30 年的「職業生涯」中，他算過自己大約吃下了 9 噸金屬，其中包括：18 輛自行車、7 台電視機、6 個水晶吊燈、15 輛超市手推車、一副滑雪板、兩張床、一台電腦和一架塞斯納輕型飛機（花了兩年才吃完），他還吃下了一口棺材。

他用礦物油來吞下這些「食物」，但我們建議你喝「夏翠絲」。這是一種在「全吃先生」的的家鄉格勒諾布爾（Grenoble）附近的阿爾卑斯山區，釀造出來的美味綠色修道院利口酒。

它含有 130 種藥草和香料，並在橡木桶中陳釀 5 年，當地農民會用它來治療牛的「脹氣」——其嚴重性應該比不上「全吃先生」肚子裡的問題。

## JUN 16 ｜ 哈利 · 麥克艾霍恩的生日（一八九〇年）
### 白色佳人 WHITE LADY

哈利 · 麥克艾霍恩（Harry MacElhone）是歷史上最偉大的調酒師之一，他是來自鄧迪（Dundee）的一位一個性格幽默、舉止優雅的的調酒師。

他第一次接觸雞尾酒是在巴黎道努街五號的紐約酒吧，12 年後他買下這家酒吧，並將其重新命名為很沒有原創性的店名「哈利的紐約酒吧」（Harry's New York Bar）。

麥克艾霍恩崛起於「咆哮的 20 年代」（The roaring twenties），成群結隊的美國人為逃離禁酒令而前往歐洲，在那裡的每個人都想忘記戰爭的恐怖——而且希望能盡快忘記。

麥克艾霍恩有很合適他們的東西：「白色佳人」，一種濃烈、刺激的雞尾酒，能夠在 100 公尺外模糊你的記憶，這種調酒一直是他的成名代表作。

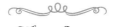

## WHITE LADY

*50ml 琴酒 | 25ml 君度橙酒 | 25ml 檸檬汁 | 1 個蛋白液 | 冰塊 | 檸檬皮碎，裝飾用*

· 將雞尾酒調酒器中的原料（裝飾物除外）與冰塊一起搖勻，然後濾入玻璃杯中，再用檸檬皮碎裝飾。

# JUN 17 | 羅伯托・科佛雷西的生日（一七九一年）

鳳梨可樂達 PINA COLADA 🥃🍾🍷🍸🥛

羅伯托・科佛雷西（RobertoCofresi）被認為是最後一位真正的加勒比海盜，他在家鄉波多黎各被稱為海盜中的「羅賓漢」，這並不是因為他有一個胖伙伴（譯註：指羅賓漢的副手 Little John），而是因為他從歐洲船上偷走了西班牙銀幣，並將他的戰利品大方地分給當地人，尤其是分給婦女、兒童和老人。

他在戰鬥中以殘暴聞名，據說他親手殺死了 4 百名男子，而且他還是一個聲名狼藉的花花公子，在自己的船上與無數婦女共度春宵。

他也可能製作了「鳳梨可樂達」雞尾酒，為疲憊的船員提供鳳梨、椰子和白蘭姆酒的混合飲料。這是真的嗎？如果你願意相信的話就是真的。

---

### PINA COLADA

*50ml 白蘭姆酒 | 75ml 鳳梨汁 | 25ml 椰子奶油 | 25ml 低脂奶油 |*
*300g（10oz）碎冰 | 鳳梨片和櫻桃，裝飾用*

· 將所有原料（除了裝飾物）與碎冰一起放入攪拌機中攪拌，然後倒入颶風杯中，再用鳳梨片和櫻桃裝飾。

---

# JUN 18 | 冰島國慶日

雷克伏特加 REYKA VODKA 🔖

對於一個人口略多於 35 萬人的國家來說，冰島所取得的這些令人印象深刻的成就，絕不該被「忽視」（譯註：作者將 balked 忽視，改為諧音 Bjork-ed，而 Bjork 是冰島知名歌手「碧玉」的名字）。冰島人選出了世界上第一位女總統，並且是第一位公開同性戀身份的政府首腦。在 2008 年全球金融危機後，迅速的把銀行家關進監獄，並且在 2016 年歐洲足球錦標賽上，他們以 2 : 1 淘汰了英國的球隊。

雷克伏特加這款優質火山伏特加是用經過 4 千年歷史的熔岩過濾純淨水蒸餾而成，富含熔岩成分。

## JUN 19 | 世界馬丁尼日
### 琴酒馬丁尼 GIN MARTINI

沒有其他飲料會比馬丁尼更能體現「雞尾酒時刻」（譯註：通常指晚餐前的小酌）的魅力。

一般認為馬丁尼是經典雞尾酒之王，雖然作法簡單，但要調好卻很困難。其酒味毫不掩飾，外觀和意圖完全透明，線條既簡單又複雜，就像是對現代生活裡的艱難和專制，比個勝利手勢回敬。

我們建議你將一切都保持低溫，越冷越好。包括調酒器、琴酒、香艾酒和玻璃杯等，都要冷一點。

### GIN MARTINI

*60ml 琴酒 | 3 茶匙乾香艾酒 | 冰塊 | 橄欖，裝飾用*

· 將琴酒和香艾酒放入調酒攪拌杯中，加入冰塊攪拌，然後濾入冰鎮的馬丁尼杯中，再用橄欖裝飾。

## JUN 20 | 夏至最早的一天
### 赫尼琴通寧 HERNO GIN AND TONIC

讓我們來到瑞典最北邊，這裡的太陽靜止不動。為了慶祝仲夏節，當地人在忙了一天的「仲夏柱」（Maypole）慶典狂歡過後，除了會在午夜裸泳，在他們迷人的臉上塞滿醃鯡魚，還會製作木板組合家具（譯註：以上這些都是瑞典名產）。

瑞典人傳統上會喝琴酒，但這裡有一款很棒的、屢屢得獎的杜松子琴酒，來

自瑞典「高岸」（High Coast）這個世界最北端的釀酒廠。

赫尼琴通寧請用像太陽般的橙片來裝飾。

## JUN 21 全國長頸鹿日
### 一對高球（高球雞尾酒＋高球杯）
### A PAIR OF HIGHBALLS

高球？長頸鹿？戴爾格特？哦，別管名稱了。「高球」（Highball。譯註：原為威士忌蘇打雞尾酒名）是一種簡單的、由烈酒和氣泡酒兩種成分調和而成的雞尾酒，我們為你帶來的是白蘭地加蘇打的高球雞尾酒。

### A PAIR OF HIGHBALLS

*45ml 白蘭地 | 蘇打水，注滿用 | 冰塊 | 橙片，裝飾用*

- 在高球杯中加入冰塊。倒入白蘭地，攪拌 5 秒鐘後加入蘇打水，再輕輕攪拌 3 秒鐘，最後用橙片裝飾。

## JUN 22 馬拉度納的「上帝之手」（一九八六年）
### 芙內布蘭卡和可口可樂
### FERNET-BRANCA AND COCA-COLA

英國和阿根廷在 1986 年的墨西哥世界盃四分之一決賽中相遇時，福克蘭島戰役剛結束四年，雙方關係遠非和諧。馬拉度納（Diego Maradona）在阿茲特克體育場的 11 萬 4 千名球迷面前，以世界盃歷史上最不名譽的進球，一手終結了英國隊的希望，恢復了自己國家的驕傲。

英國隊的緊密防守，在前 45 分鐘把這位阿根廷隊長踢得七零八落，但在下半場開場 6 分鐘後，馬拉度納衝向英格蘭禁區。

當他把球傳向右側時，他的隊友豪爾赫·巴爾達諾控球失誤，結果英國隊的

史蒂夫·霍奇也笨拙地把球勾彈到自己背後的區域。

當球落到罰球點附近時，這位身高五呎四吋的阿根廷球員和身高 183 公分的英格蘭門將彼得·希爾頓（Peter Shilton）之間展開較量。馬拉度納像鮭魚一樣跳躍，希爾頓則像獾一樣跳躍，然後馬拉多納握緊拳頭的手在頭一側，把球碰進了空球門中。

當憤怒的英國隊球員跑向突尼斯籍裁判，拍打手掌，彷彿在請求暫停時，馬拉多納正在瘋狂慶祝，最多只有厚顏無恥地回頭看一眼，看看剛才的動作是否被拆穿。

沒！沒有一個裁判看到「上帝之手」，如果不是被神的干預所蒙蔽，可能就是這樣的判決背後有所隱匿。

結果幾分鐘後，事情突然又真的變得很神，馬拉多納從自己的半場帶球，連過 6 人，攻入世界盃歷史上最偉大的進球，亦即他突破了英國隊防線。

這兩個進球展現了馬拉度納性格的兩個部分：一半像是天才，一半像是令人髮指的騙子，讓人們又愛又恨。且讓我們一邊觀看他們的表演，一邊享用阿根廷最受歡迎的飲料「芙內布蘭卡」：一款由 27 種不同香草和香料製成的醇郁義大利苦味酒。阿根廷人喜歡再加進可樂，很顯然的，這正是馬拉多納之所以像很多東西的緣故。

---

### Fernet-branca And Coca-cola

*冰塊 | 35ml 芙內布蘭卡 | 可口可樂注滿*

- 在冰鎮的高球杯中加入大冰塊。倒入芙內布蘭卡，然後加入可口可樂。請以 45 度角倒入，避免產生過多嘶嘶聲。

---

## JUN 23 | 艾倫·圖靈的生日（一九一二年）

### 密碼大師精釀啤酒 ENIGMA IPA，外卡啤酒廠

如果不是偉大的艾倫·圖靈（Alan Turing），這篇文章可能就必須用德語寫了──這點將會帶來痛苦，因為我們不會說德文，更別提會寫了。

圖靈是一位破解密碼的數學天才兼非傳統的戰爭英雄，他發明了一種破解德

國「謎」（Enigma）密碼機的裝置，為盟軍的勝利發揮了重要作用。

但在 1952 年時，圖靈卻因同性戀而遭到國家的羞辱，並被起訴。為了不進監獄，他接受了化學去勢手術，兩年後他自殺了。在他過世的床邊，發現一顆浸過氰化物，被吃了一半的蘋果。

他的罪名直到 2013 年才被正式撤銷。才華橫溢的圖靈確實是個怪人，根據布萊切利園（Bletchley Park。譯註：英國軍方解碼處所）的同事所說，他會穿著睡衣、戴著防毒面具在花園裡騎自行車——防毒面具是為了花粉症之故。當他必須去倫敦開會時，他常穿著西裝跑 64.37 公里，因為他覺得這樣會比等車快。還有，在一間擠滿了全國最優秀密碼破解員的辦公室裡，他會用密碼鎖把他最喜歡的咖啡杯，鎖在辦公桌旁的散熱器上。

不過，沒有人想偷走杯子，因為沒有人願意被一位穿著睡衣、戴著防毒面具的數學大師追趕 64.37 公里。

把這種易碎的啤酒裝在馬克杯裡——應該會是他想做的事。

## JUN 24 | 《衝破地雷網》首映（一九五八年）
嘉士伯啤酒 CARLSBERG

在《衝破地雷網》（Ice Cold in Alex）的電影結尾，安森船長超級想喝一品脫啤酒。

他像個殘破的男人：一個因戰爭的野蠻行為而精疲力竭的酒鬼，又受到北非的酷熱折磨。他剛與兩名護士和一名中士，乘坐一輛名為「凱蒂」的破舊救護車，經歷了一次高度危險的、但丁式的穿越沙漠前往亞歷山卓的旅程。

這聽起來像是班尼·希爾（Benny Hill。譯註：英國喜劇演員，台灣曾經播出過他的喜劇節目）的劇本，但事實並非如此。一路上有雷區、車輛故障，一名護士被德國巡邏隊射殺。他還不得不載一個狡猾的南非人。總而言之，倒楣透頂。

但現在，安森上尉已經成功地完成任務（當然，除了死去的護士），正坐在亞歷山卓的酒吧椅上，他的眼睛被汗水刺痛，盯著一杯倒在起霧杯子裡閃閃發光

的冰鎮啤酒。

　　由於曾在沙漠中被海市蜃樓騙過，所以他用手指溫柔地沿著杯子的拱形側面劃過，在水珠上留下一道痕跡。他等待著，享受著這一刻，然後抓起玻璃杯，把臉埋進泡沫裡，一口吞下去，堅韌的食道因快樂而顫動著。

　　然後他把空玻璃杯放在酒吧上，嘀咕道：「一切等待都值得了。」

## JUN 25 | 彩虹旗首次在舊金山同性戀自由日遊行中飄揚（一九七八年）

彩虹路雞尾酒 RAINBOW ROAD 🖼🍾🍷🍸

　　彩虹旗是同性戀權利的全球性象徵，這個色彩鮮豔的創意來自吉爾伯特·貝克（Gilbert Baker）。他曾是一名軍人，後來成為變裝皇后，在 1970 年代同性戀權利運動最激烈的時期，搬到了舊金山。

　　受加州第一位公開同性戀身份的政治人物哈維·米爾克（Harvey Milk）的委託，這面旗幟於 1978 年的「同性戀自由日遊行」（Gay Freedom Day Parade）中首次飄揚。而同樣在該年稍晚米爾克被暗殺後，這面旗幟開始在世界各地引起轟動。2015 年，亦即貝克去世前 2 年，甚至被掛在白宮牆上，以紀念同性婚姻終於合法。

---

### RAINBOW ROAD

*25ml 伏特加 | 12.5ml 西瓜利口酒（watermelon liqueur）|*
*12.5ml 杏桃利口酒（apricot liqueur）| 25ml 萊姆汁 | 10ml 百香果糖漿 | 冰塊*

· 將所有原料加入雞尾酒調酒器中，與冰塊一起搖勻，然後濾入裝滿碎冰的高腳玻璃杯中，再用彩虹旗裝飾。

# 甘迺迪宣稱自己是柏林人

## 柏林白啤酒 BERLINER WEISS

甘迺迪的「我是柏林人」（Ich bin ein Berliner）演講是一場精彩的政治修辭演說，可與林肯的超驗論「葛底斯堡演說」（Gettysburg Address）、詹森的「我們終將克服難關」（We Shall Overcome）民權佈道相媲美，當然也包括了川普的「注射消毒劑來治療 COVID-19」胡言亂語。

1963 年，也就是在蘇聯佔領的東德建造柏林圍牆不到 2 年後，甘迺迪在西柏林的 12 萬群眾面前，發表了反共演講，確認美國與西德的團結。

甘迺迪在發現原稿過於同情蘇聯後，重新撰寫了一篇慷慨激昂的演講，他說：「今天，在自由的世界裡，最自豪的誇耀便是說『我是柏林人！』……所有自由世界的人，無論居住在哪裡，都是柏林公民，因此，作為一個自由人，我為說出『我是柏林人！』這句話感到驕傲。」

柏林有自己的啤酒風格：「柏林白啤酒」，一種會讓臉部扭曲的傳統酸味小麥啤酒，其中添加一種稱為乳酸菌的時髦細菌，可以將糖轉化為乳酸。

它經常搭配水果糖漿來軟化酸味，在 19 世紀很流行（當時還被拿破崙稱為「北方的香檳」）。

# 第一部自動櫃員機問世

## 百萬美元雞尾酒 MILLION DOLLAR COCKTAIL

1965 年，英國發明家約翰‧薛波德‧巴倫（John Shepherd-Barron）在洗澡時，看著自己身上的一些漂浮體屑從氣泡中冒出時，突然有了「自動櫃員機」（ATM）的想法。

他一邊喝著粉紅色琴酒，一邊對巴克萊銀行的大老闆說了這件事。不到 2 年，世界上第一台自動櫃員機就安裝在恩菲爾德鎮的一條大街上。在當時看來，這台機器有點像廢物。由於 1967 年還沒有金融卡，因此銀行使用了相當複雜的票證系

統，顧客必須先在提取現金以外的另一個窗口排隊。每個週末都會重覆出現紙張用完的情況，而且這些票證還帶有輕微放射性。

儘管如此，為了紀念在浴缸裡發明 ATM 的構想，我們用粉紅琴酒為自己調製一杯「百萬美元」雞尾酒。

### Million Dollar Cocktail

*50ml 粉紅琴酒（pink gin）| 25ml 香艾酒 | 15ml 鳳梨汁 |*

*7.5ml 石榴糖漿 | ½ 蛋白液 | 冰塊 | 橙皮捲片，裝飾用*

· 在雞尾酒調酒器中加冰塊搖勻所有材料（裝飾物除外），濾入雞尾酒杯中，並用橙皮裝飾。

## JUN 28 | 彼得‧保羅‧魯本斯的生日（一五七七年）
### 用博勒克杯喝特可寧 DE KONINCK FROM A BOLLEKE

彼得‧保羅‧魯本斯（Peter Paul Rubens）是相當重要的巴洛克畫家，他以其豐滿的裸體畫和熱情的筆觸而聞名。跟說唱歌手「混很大」（Mix-a-Lot）爵士一樣（譯註也以欣賞女性豐滿臀部而聞名）。魯本斯在宣稱自己熱衷於描繪擁有豐滿臀部的女性時，並沒有說謊。他說「我畫的是一個女人又大又圓的臀部，讓我能夠想像伸手觸摸到有弧度的肌膚。」

大屁股和胸部絕不是魯本斯在他多產的職業生涯中畫過的唯一東西，因為他還畫過穿著講究領子的君主、肖像、風景、神話和寓言主題的描繪、狩獵場景和祭壇作品等，只是沒畫過「裙板」（skirting boards。譯註：亦即踢腳板）而已。

他所宣稱的「我只是一個簡單的人，拿著舊畫筆獨自站著，向上帝乞求靈感」是一種謙虛的吹捧，因為他在政治和藝術方面的影響，遠遠超出他的畫布。魯本斯是一位靈巧的外交家、熟練的政治家和受過古典教育的人文主義學者，曾在英國和西班牙被封為爵士。

魯本斯最著名的工作室位於安特衛普，這裡是美妙的特可寧啤酒廠的所在地，該廠的旗艦啤酒是裝在一種名為「博勒克」（Bolleke，胖雞尾酒杯）的玻璃杯裡飲用。不過說真的，比較令人遺憾的是由於特可寧酒廠是在魯本斯去世2百年以後才成立，所以沒有人知道他是否像畫女人的屁股一樣，也很擅長畫博勒克杯的弧度。

## JUN 29 ｜ 賓利「吹風者」以五百萬英鎊拍出（二〇一二年）

賓利雞尾酒 THE BENTLEY COCKTAIL

當年的賓利男孩（Bentley Boys）大膽、瀟灑、溫文儒雅，是一群生活節奏快、開車快、喝香檳、迷女人、打領巾、臉上卻黑黑髒髒的有錢貴族。

賓利男孩的理想偶像是留著小鬍子的提姆‧柏金爵士（Sir Henry‧Tim Birkin，譯註：英國賽車手），他為了在利曼、布魯克蘭和紐倫堡等地的賽道上追逐快感而揮霍家族財產。

柏金對贏得比賽不感興趣，只是渴求速度，並與賓利的老闆溝通，希望打造一款名為「吹風者」（Blower）的 4.5 升超高速汽車，以便與其他歐洲對手競爭。

當賓利的老闆拒絕出錢後，柏金將自己最後的財產投入此項目中，並以魅力十足的方式，說服他的上流朋友們也一起投資。最後在柏金的駕駛下，賓利「吹風者」的速度快得離譜，達到了 222 公里／小時的驚人速度記錄。

在主角詹姆士龐德首次出現的《皇家賭場》小說中，「吹風者」是 007 的第一輛座車。柏金駕著它開上倫敦薩沃伊飯店的樓梯入口，調酒師哈利‧克拉多克（Harry Craddock）首次為賓利男孩調製了「賓利雞尾酒」。

2013 年，在此車首次亮相 83 年後，邦瀚斯拍賣行以 504 萬 2 千英鎊的價格拍出此車。

### THE BENTLEY COCKTAIL

*50ml 卡巴度斯蘋果酒 | 50ml 多寶力葡萄酒（Dubonnet Rouge）| 3 長滴柑橘苦精 | 冰塊*

> ・將所有材料放入攪拌杯中，加冰塊調合，攪拌至冷卻，濾入冰鎮的尼克諾拉（Nick & Nora）雞尾酒杯中。

## JUN 30 查爾斯・布朗丁走鋼索穿越尼加拉瀑布
### （一八五八年）

**高索西岸淡艾爾啤酒，魔法石酒廠**
HIGH WIRE WEST COAST PALE ALE

早在 1858 年，在 2 萬 5 千名焦急的觀眾面前，一位 34 歲的法國雜技演員查爾斯・布朗丁（Charles Blondin），手持一根 6 公尺長的桿子，走在長 396 公尺、直徑 5 公分的繩索上，跨越尼加拉瀑布。

這位身高 165 公分、經常鋌而走險的人，因為一頭金髮而被稱為「偉大的金髮人」（Great Blondin）。他穿著鑲有亮片的粉色緊身衣和淺色皮質鞋，沒有任何東西可以擋住他墜落到下面霧濛濛的漩渦水域中。布朗丁說：「對災難的預期只會帶來災難」。

當他接近繩子的中間標記時，布朗丁坐在這條下垂的繩子上，「霧中少女號」旅遊船就在他下方。這位表演者放下一條繩子，從甲板上吊起一瓶酒。

喝了幾口酒後，他站起來繼續前進，當他接近加拿大時，昂首闊步的步伐變成了衝刺。在接下來幾年裡，他踩著高蹺、蒙著眼睛、穿著大猩猩服裝（不是同時）……重複這項壯舉。他甚至還推獨輪車走鋼索，大概是為了協助搬運他的驚人氣勢（Niagaras，譯註：可比喻偉大作品）。

## JUL 1 《比伯軍曹寂寞芳心俱樂部》登上美國排行榜冠軍（一九六七年）

鹹狗 SALTY DOG

　　狗可能不會喜歡披頭四的《比伯軍曹寂寞芳心俱樂部》（Sergeant Pepper's Lonely Hearts Club Band）。樂團錄製了一段高頻口哨聲，放在唱片中最後一首歌曲「生命中的一天」（A Day in the Life）的最後一個和弦之後。只有狗才能聽得到，因此可能會讓它們感到有點緊張。除此之外，這是一張相當不錯的專輯。

---

### SALTY DOG

*一小撮抹在杯口用的岩鹽 | 冰塊 | 50ml 琴酒或伏特加 | 100ml 粉紅葡萄柚汁 | 10ml 糖漿*

- 在高球杯口抹鹽並裝滿冰塊，將所有材料放入雞尾酒調酒器中，與冰塊一起搖勻，然後濾入準備好的高球杯中。

---

## JUL 2 愛蜜莉亞・艾爾哈特失蹤（一九三七年）

班尼狄克丁（廊酒）BÉNÉDICTINE

　　在愛蜜莉亞・艾爾哈特（Amelia Earhart）成為第一位獨自飛越大西洋的女性後，在她嘗試繞地球飛行一週的壯舉，卻以災難告終，因為她的飛機墜入了太平洋。

到了 1939 年，大家認為她應該已經溺水身亡，然而她的屍體並未找到。但最近有科學家認為在「尼庫馬羅羅島」（Nikumaroro）出土的一具人體骨架，可能符合艾爾哈特的輪廓描述。這樣說雖然並不討喜，但至少可以說這位女人很「有骨氣」。而且附近發現了一隻女鞋，我們雖然不是名偵探白羅，但這似乎是個有用的線索。

更重要的是，他們在附近發現了一瓶「班尼狄克丁」空瓶，它被宣傳成是一種靈丹妙藥，可以為善良而忍耐的僧侶們帶來歡樂。這款柑橘甜利口酒含有 56 種香草、藥草、水果和香料，對於在荒島上求生的人來說，似乎是嚥下最後一口氣的最佳選擇。

## JUL 3 賓士推出他的新車（一八八六年）
### 坦奎瑞無酒精 TANQUERAY ALCOHOL-FREE 0.0%

當機械工程師卡爾・賓士（Karl Benz）在德國曼海姆（Mannheim）設計他的第一輛汽車時，他嘗試用酒精作為燃料。但對地球來說可悲的是，石油勝出了，除了成為地球殺手之外，你還不能開車去酒吧喝一杯，所以對汽車來說真的有點可悲。我們並不是說你一定要在酒吧喝酒，而如果你開車去酒吧的話，現在也有很多成人喝的非酒精飲料。坦奎瑞酒廠（Tanqueray）憑藉幾百年的蒸餾專業知識，將其在琴酒上的天賦，融入這款不含酒精的琴酒「坦奎瑞無酒精 0.0%」中。大量的杜松子，也確保該酒在通寧味上的表現。

## JUL 4 獨立紀念日（美國）
### 內華達山脊美式淡艾爾 SIERRA NEVADA PALE ALE

今天似乎很適合慶祝一家獨立啤酒廠，擊敗了碳酸、無味的拉格啤酒霸主。這家獲勝的啤酒廠就是「內華達山脊」啤酒廠，美國精釀啤酒革命裡最成功的啤酒廠之一。

創辦人肯‧格羅斯曼（Ken Grossman）在奇科（Chico）開了一家家庭釀酒店。在賣掉這家店之後，他投資了幾個乳製品儲存桶和一家軟性飲料裝瓶商，創辦一家搖搖欲墜的啤酒廠。正是這些不起眼的工具，讓肯製作出神話般的旗艦啤酒。內華達山脊美式淡艾爾是一種令人脣齒留香的淡艾爾啤酒，具有獨特的啤酒花特徵，為無數帶有啤酒花美味的美國啤酒激發了靈感。

在設備改良為最先進後，內華達山脊現在可以在每個州甚至全世界喝到。但精釀啤酒飲用者對這種啤酒的普遍性並未產生蔑視，他們和許多主流飲酒者一樣，都將其作為自己的「首選」啤酒。

## JUL 5 ｜ 瓦格拉姆之役開戰（一八〇九年）
### 香檳 CHAMPAGNE

瓦格拉姆之役見證了拿破崙與奧地利人所進行的一場持續兩天的血腥戰鬥，雙方都有數萬人死亡。傷亡者中最引人注目的，應該就是 19 世紀法國驃騎兵將領安通‧夏爾‧路易‧拉薩爾伯爵（Antoine Charles Louis, Comte de Lasalle），一位出色的飲酒者，在戰鬥的第二天倒下了。

拉薩爾伯爵是軍刀技巧的大師，最令人印象深刻的是他可以用軍刀打開香檳瓶塞。這位劍客搖擺的軍刀並不是為了彌補身上的其他缺陷，而是從上到下、徹底大膽行為的一部分。

這位雄心勃勃的驃騎兵將軍，穿著一件耀眼櫻桃色的「快看這條超紅的長褲」，並用大量飾品裝飾他的夾克，讓他像是相當華麗的曇花一現般。他曾經堅持地認為：「任何 30 歲還沒死的士兵都是不光榮的」。在他 34 歲時，帶著自己的榮譽之火向前走。明知失敗是必然的，他仍握著這把開瓶軍刀，沉穩地策馬奔赴前線。在被無數武器的攻擊籠罩之前，他高舉了他的煙斗。

## JUL 6 | 費德勒 vs 納達爾（二〇〇八年）

### 草莓馬丁尼 STRAWBERRY MARTINI

當納達爾在比賽中以 6：4、6：4、6：7、6：7、9：7 擊敗費德勒時，整場比賽充滿了跑動，沒有任何「棒棒糖發球」（lollipop serve，譯註：只求安全的無力發球），許多球迷都認為是有史以來最偉大的網球決賽。

但球迷可能忘記了 1936 年的網球決賽，當時佛瑞德·佩里（Fred Perry）在 40 分鐘內，以 6：1、6：1、6：0 擊敗了戈特佛里德·馮·克拉姆（Gottfried von Cramm），雖然那場比賽是發生在 7 月 2 日，但我們仍希望能引起大家注意。

首先，這場決賽很快就結束了，讓大家在星期天可以專注於烤肉與馬丁尼。但更重要的是，它讓我們能夠談論克拉姆這個人。

克拉姆在球場上是位王牌球員，但他在球場外的表現更令人印象深刻。作為德國最偉大球員之一的他，不僅是同性戀者，並且還鄙視納粹，最終因性取向和支持猶太人而入獄。獲釋後，他被迫在東線作戰，儘管他強烈反對希特勒政權，但他捍衛自己部隊，並因勇敢而被授予鐵十字勳章。他甚至參與了最終失敗的「七月密謀案」（July Plot）暗殺希特勒。所有這些都會讓費德勒與納達爾相形失色。

---

### STRAWBERRY MARTINI

*香艾酒，沖洗玻璃杯用 | 6 個草莓，另加 1 個草莓裝飾用 | 60ml 伏特加 |*
*10ml 糖漿 | 冰塊*

· 用香艾酒沖洗冰鎮的馬丁尼酒杯。將草莓放入搖酒器中攪拌均勻，然後加入伏特加和糖漿。加冰塊用力搖勻，濾入玻璃杯中，再用草莓裝飾。

---

## JUL 7 | 塔瑪拉·梅隆的生日（一九六七年）

### 酷伯樂（鞋匠）雞尾酒 COBBLER

塔瑪拉・梅隆（Tamara Mellon）與聯合創始人吉米・周（Jimmy Choo）在創辦鞋類公司時可能這樣說過「如果鞋子合腳的話，那麼有人就會賺上很多錢。」這就是她所做的事，塔瑪拉生產精美的鞋子，所以讓我們試著用「起瓦士調合威士忌」（Chivas-blended Scotch）來製作精美的「鞋匠」吧。

---

## COBBLER

*冰塊 | 60ml 起瓦士調合威士忌 | 15ml 柑曼怡 | 15ml 干邑白蘭地 | 橙片和薄荷葉，裝飾用*

- 在酒杯或調酒杯中裝滿碎冰。將威士忌、柑曼怡和干邑白蘭地放入雞尾酒調酒器中，加冰塊搖勻後濾入杯中，並用橙片和薄荷葉裝飾。

---

# JUL 8 ｜ 辣妹合唱團發行首支單曲《Wannabe》
（一九九六年）

### 辣騾子雞尾酒 SPICED MULE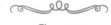

科學家已經證明女性比男性擁有更高的人類「口腔感知」能力，說人話就是具有「更複雜的味覺」，讓女性成為烈酒世界中出色的超級味覺者。

女力！（Girl power，辣妹合唱團的象徵）

因此我們要談到辣妹合唱團（Spice Girls），她們的首支單曲《Wannabe》相當成功，打破了披頭四創下的銷售紀錄。

---

## SPICED MULE

*50ml 香料蘭姆酒 | 冰塊 | ½ 顆萊姆，另加一片萊姆角片做裝飾用 | 150ml 薑汁啤酒*
- 將蘭姆酒倒入加冰塊的高球杯中，擠入萊姆汁，最後倒入薑汁啤酒，再以萊姆角片裝飾。

---

## JUL 9 ｜ 席丹頭撞事件（二○○六年）

### 力加茴香酒 RICARD PASTIS 🔲

如果席丹（Zidane）沒有在足球決賽結束前用頭猛撞義大利後衛馬爾科・馬特拉齊（Marco Materazzi）的話，他可能會連拿兩屆世界盃冠軍。可惜的是，發生頭撞事件之後就沒有如果的餘地了。當他被罰紅牌下場後，義大利贏得了比賽。

席丹來自馬賽，「茴香酒」（Pastis）也來自馬賽。這是一種茴香味的開胃酒，最初是設計來解決傳說中「苦艾酒會令人精神錯亂」而被禁的問題（注意：苦艾酒並不會讓人精神錯亂）。茴香酒複製了這位醸郁祖先的風味和感受，建議各位用一份烈酒力（加茴香酒）兌五份冰水的方式飲用。

## JUL 10 ｜ 葉爾欽宣誓就任俄羅斯總統（一九九一年）

### 伏特加 VODKA 🔲

葉爾欽（Boris Yeltsin）在俄羅斯歷史上扮演的角色，應該是引導他的國家走向民主並建立新的市場經濟，但他的酗酒和笨手笨腳的施展，卻讓俄羅斯像一輛故障的拉達（Lada，譯註：俄國汽車廠牌）一樣，陷入大規模失業和惡性通貨膨脹的宿醉中。

葉爾欽當選後短短 2 年內就掀起一陣強烈的政治絕望氛圍，以至於他的競爭對手發起一次針對他「領導失敗」的公投。

不過，這項警告並沒有減少他的酗酒行為。例如，當葉爾欽會見吉爾吉斯總統阿卡耶夫（Akayev）時，他喝了很多伏特加，而且還像打擊樂器般地敲阿卡耶夫的光頭。

在訪問斯德哥爾摩時，他因酗酒過度而將比約恩・博格（Bjorn Borg，譯註：瑞典網球選手）的臉比喻成肉丸，並宣布大規模削減俄羅斯核武儲備，而且差點從舞台上摔下來。

當他在 1995 年做客白宮時，不僅喝了太多酒，還偷偷躲開特勤局幹員，想到

街上叫輛計程車去買披薩，據說他全程只穿著內褲。

從葉爾欽的角度看，把俄羅斯轉變為民主國家的壓力一定很大，不過，保持清醒可能會更容易一些。

## JUL 11 | 夏洛特・庫珀贏得奧運金牌（一九〇〇年）
土星雞尾酒 SATURN COCKTAIL

網球先驅夏洛特・庫珀（Charlotte Cooper）是最早使用高手發球（over arm）的女性網球員之一，她因出色的「發球截擊」（serve-and-volley。譯註：發球後立刻上網截擊）比賽而受矚目。她在 26 歲時失去聽力，但在完全失聰的情況下繼續打球。最令人難以置信的事，便是庫珀連續八次進入溫布頓決賽的記錄保持了 90 年，直到瑪蒂娜・娜拉提洛娃（Martina Navratilova）在 1990 年第九度闖入決賽才被打破。

「但這跟土星有什麼關係呢？」你們還沒問到這個問題耶。好吧，奧運不是有五環嗎，土星也有環…答案就是這個，不客氣。

---

### SATURN COCKTAIL

*45ml 琴酒 | 15ml 新鮮檸檬汁 | 7.5ml 百香果泥 | 7.5ml 杏仁糖漿（orgeat syrup）| 7.5ml 法勒南香甜酒（falernum）| 碎冰 | 萊姆片和一顆櫻桃，裝飾用*

- 將所有液體材料與一杯碎冰一起放入攪拌機中混合，然後倒入裝有碎冰的玻璃杯中。攪拌後在上面再加一點碎冰，最後用萊姆片和櫻桃裝飾。

---

## JUL 12 | 《驚爆點》電影發布（一九九一年）
夏威夷大浪啤酒，科納啤酒有限公司
BIG WAVE GOLDEN ALE

「保持放鬆，享受大浪，不要拖累別人，老兄。」當奧斯卡得獎導演凱瑟琳畢格羅（Kathryn Bigelow）將這部「邪教」式電影搬上銀幕時，確實帶動了「衝浪」熱潮，因為這部電影是講述一位聯邦調查局幹員，臥底滲透進一群衝浪者兼銀行搶匪中的故事。

整部片都很刺激緊張，但如果想要一樣的刺激時，我們可能會穿著褲子在沙發上享受波浪，而這種波浪是以科納啤酒公司（KONA BREWING CO.）的「夏威夷大浪啤酒」形式到來。跟電影一樣，這種淺金色的金色艾爾啤酒味道並不會太複雜，但有微妙的啤酒花特徵，使其成為適合沙灘燒烤或銀行搶劫後的優質啤酒。

願上帝與你同行。

## JUL 13 ｜「拯救生命」演唱會（一九八五年）
愛瑪樂奶酒 AMARULA 🥃

根據估計，當時世界上有將近 40% 的人口觀看這場「拯救生命」（Live Aid）演唱會的轉播，演出在倫敦溫布利球場和費城的約翰‧F‧甘迺迪體育場等地進行。雖然當時可能沒有太多觀眾會喝「愛瑪樂奶酒」，但這種非洲烈酒使用直接從馬魯拉樹上（marula）摘下、真正的馬魯拉果。果實經過發酵和蒸餾，然後陳釀 3 年並與奶油調合。

## JUL 14 ｜巴士底日
便宜的法國紅酒 CHEAP FRENCH RED 🥃🍾🍷

1789 年，法國人完全失去理智，闖進了巴士底獄。但有趣的是，包括 19 世紀的歷史學家善良的伊波利特‧泰納（Hippolyte Taine）在內，都宣稱這種嗜血行為，事實上只是暴民喝醉了且行為不檢而已。

我們經常把群眾的不當行為歸咎於酒精，事實上在面對 1780 年代的情況時，

這些群眾有權感到憤怒。不過伊波利特並未提到 18 世紀的法國，無論貧富，每個人都在喝葡萄酒。對酒精徵收的稅賦被用來支付學校、醫院和其他大量有價值的事物。

而這些革命人士對葡萄酒價格上漲的沮喪，只是問題的一部分，對鹽和麵包的過度徵稅也同樣令人驚愕。因此，雖然這些抗議者在體制中具有相當大的「荷蘭勇氣」（Dutch courage，譯註：借酒壯膽），但如果不是因為該死的飢餓，酒的效力並不會那麼強。

無論如何，不管觸發暴動的因素為何，他們立即攻下了巴士底獄。雖然這個地點並未讓人印象深刻，因為前皇家堡壘和波旁君主暴政紀念碑都已經殘破不堪。但戰鬥就是戰鬥，我們歡迎法國人慶祝這個節日。

在事件一年後，法國人在倒塌的巴士底獄建築工地上，搭建了一個巨大的帳篷，舉行酒會來慶祝自由。這一次，他們填滿了肚子，沒有發生醉酒引起的爭吵（bust，亦有胸部之意），不過倒是有很多半裸者，這要歸功於有人提議透過在巴黎「裸奔」來象徵自由。上次我們在巴士底日（譯註：法國國慶日）慶祝時就嘗試過這件事，我們可以跟各位報告，這不再象徵自由，而是象徵被「合法拘留」了，而且現在的監獄更有效率。

在 1780 年代，這些沒穿褲子的人們喝光了廉價的紅葡萄酒。在革命之後，他們從 1792 到 95 年間，禁止提供豪華的「特級」（Grand Cru）葡萄酒，因為要尋求更平等的社會狀態。這種說法剛好可以為你提供帶一瓶廉價紅酒去參加派對的完美藉口。


# JUL 15 《終極警探》上映（一九八八年）
山崎酒廠珍藏 YAMAZAKI DISTILLER'S RESERVE 🔲

電影史上最具代表性的死亡之一是《終極警探》（Die Hard）中的反派漢斯·格魯伯（Hans Gruber），以慢動作從中富廣場大樓頂部窗外墜落的那一刻。已故但偉大的艾倫·里克曼（Alan Rickman）扮演反派漢斯，而布魯斯·威利飾演的「麥克連」（McClane）則是英雄，在電影裡大部分時間都只穿著背心。如果你

從未看過這部電影，你真的必須去看。這部作品具有真正的社會寫實色彩，與導演約翰・麥提南之前的作品《終極戰士》（Predator）一樣，傳達出一種發人深省且極受歡迎的美學主張。

雖然電影中的日本中富公司是虛構的，但我們推薦來自三得利釀酒廠的優質威士忌。山崎「酒廠珍藏」是一款單一麥芽威士忌，帶有充滿活力的紅色漿果香氣，與布魯斯威利穿的血跡斑斑的背心相互呼應。它是在日本水楢橡木桶、波爾多葡萄酒和雪利酒桶中熟成，充滿了電影裡的那種能量。更棒的是，它提供了更多細緻的層次。

## JUL 16 | 《麥田捕手》出版（一九五一年）
### 威士忌蘇打 SCOTCH AND SODA 🥂

在這部 1951 年出版的美國經典作品裡，主角霍爾頓・考菲爾德（Holden Caufield）點了一杯威士忌蘇打，但他拒絕出示身份證件，而改要一杯蘭姆酒加可樂（亦即自由古巴）。這是個有趣的方法，他想透過從威士忌換成蘭姆酒來騙過酒保，但蘭姆酒無論如何都是酒，霍頓看起來也都像是未成年，所以毫無疑問地，當然失敗了。不過，在書中稍後，他終於喝到一杯威士忌蘇打，作者沙林傑（J.D. Salinger）顯然喜愛這種酒。

第二次世界大戰期間，沙林傑隨身帶著本書手稿。他在諾曼第登陸期間，服役於第四反情報部隊，經歷超過 11 個月的可怕戰鬥。平安歸來後，他的小說取得了巨大成功，但由於他很少出現在公眾面前，因此常被稱為「文學隱士」（literature recluse）。

關於「隱士」這件事我們只能說，也許他不想和陌生人談論他做過的事或他不想再做的事。根據我們的經驗來看，陌生人可能真的很煩人，所以也許那些說沙林傑是「隱士」的人，應該自問自己是否是值得沙林傑（或其他任何人）必須見上一面的人。他也可能只是在忙自己的事，安靜地享用一杯威士忌蘇打而已。對他公平一點。

# 波茨坦會議召開（一九四五年）

## 伏特加或葡萄酒 VODKA OR WINE

1945 年，在同盟國領導人邱吉爾、史達林和杜魯門的戰後聚會期間，俄羅斯舉辦國宴。這場盛大宴會供應包括魚子醬、鵝肝、乳豬和各種起司，搭配無限量的葡萄酒和伏特加。

俄羅斯人堅持在用餐時必須用伏特加敬酒 14 次，史達林帶頭敬酒，他後來承認是用葡萄酒代替了伏特加，因為他不久前才經歷了一次輕微的心臟病發作。體重較輕的杜魯門努力跟著喝，邱吉爾則把烈酒倒進堅毅的上唇裡，然後始終保持冷靜。

值得補充的是，當這些自鳴得意、喝得酩酊大醉的「三巨頭」（Big Three）領導人，像被狼吞虎咽下的乳豬一樣的流汗、膨脹的時刻，他們也慢慢地將世界帶入一場持久的冷戰中。另外值得注意的是，這一切都發生在美國人秘密試驗第一顆原子彈的時候。邱吉爾已經（儘管在不知不覺中）被解雇了——與他塞嘴裡的豬肉一樣，都被「砍」下來了。史達林通常被說成是一個相當惡劣的傢伙。

但我們要強調的是，和平談判的進展又再次靠酒精推動了。

# 德·維爾德輸掉英國公開賽（一九九九年）

## 阿莫里克經典布列塔尼單一麥芽威士忌
## ARMORIK CLASSIC BRETON SINGLE MALT

有人說高爾夫是一項殘酷的運動，但他們錯了。雖然高爾夫（golf）就是把「flog」（譯註：鞭打之意）倒過來拼，但是一群有錢人在幾英畝修剪整齊的場地上閒逛，並沒有什麼好殘酷的。

即便如此，當法國人德·維爾德（Jean van de Velde）在 1999 年英國公開賽把球打進最後一個洞時，過程看起來依舊相當艱辛。在第 18 洞領先三桿的情況下，他的桿數還可以忍受打成災難性的六桿「雙博忌」（doublebogey，譯註：超出標

準桿兩桿，該洞標準桿為四桿），仍能贏得冠軍獎杯，並在高爾夫歷史上佔有一席之地。然而事實上，他把球打到了看台和水中，在季後賽失利之前，他像卡芒貝爾起司一樣地融化，吞下了不可思議的「三博忌」（triple bogey，譯註：超出標準桿三桿）。天啊，誰快給他送條手帕擦眼淚，裝下這些博忌。

高爾夫不適合法國人，因為法國人只有一位大滿貫冠軍，即 1907 年贏得英國公開賽的阿諾·馬西（Arnaud Massy）。而法國的威士忌（這是蘇格蘭另一種著名的出口產品）也沒有得到太多認可，我們說的是在法國的布列塔尼，你會發現瓦倫海姆（Warenghem）酒廠，該公司自 1998 年以來，一直生產美味的單一麥芽威士忌，並將這款「阿莫里克」（Armorik）出口到全球各地。所以，雖然看起來很不尋常，但還是嘗試一下他們的威士忌吧：你的後悔一定比德·維爾德少得多。

# JUL 19 | 《廣告狂人》首播（二〇〇七年）
## 哈姆啤酒 HAMM'S BEER

唐德雷珀（Don Draper，劇中主角）喝了酒，很多酒。他的選酒標準是老式的，但整體而言，他會喝任何手邊拿到的酒，就像某種喘著氣的酒精魚一樣。

所以，雖然我們很喜歡《廣告狂人》，但請不要像唐那種喝法。

有一集裡，他把雞尾酒放在一邊，選擇了菲爾丁（Fielding）啤酒，這個品牌是專門為該節目設計的，但罐頭卻複製了 1960 年代的「哈姆啤酒」，我們認為這是故意開的彩蛋玩笑，因為唐·德雷珀是由喬·哈姆（Jon Hamm）所飾演。

哈姆啤酒是美國文化的經典象徵。該啤酒廠於 1865 年在明尼蘇達州聖保羅成立，現為酷爾斯（Coors）酒廠所有，頂級（Premium）、金色生啤（Golden Draft）和特淡（Special Light）三種都是標準的拉格啤酒，亦即沒有太多刺激味覺的啤酒——這可能就是為何唐在不喝雞尾酒的日子裡會喝起汽水的緣故。

## JUL 20 | 首次踏上月球（一九六九年）
### 聖餐酒 COMMUNION WINE

歷史將正確地記載尼爾・阿姆斯壯（Neil Armstrong）是第一個登上月球的人，但巴茲・艾德林（Buzz Aldrin）才是真正的明星。巴茲不僅跟隨他的太空人同伴來到有彈性的地面上，他還在這次冒險中帶來了葡萄酒。雖然這是出於宗教目的（巴茲用這種酒當聖餐酒），然而作為第一個在月球上喝酒的人，他在本書中獲得了比阿姆斯壯更為崇高的地位。

## JUL 21 | 《哈利波特》系列最後一本書出版（二〇〇七年）
### 奶油啤酒 BUTTERBEER

當 J.K. 羅琳發行該系列最後一本書《哈利波特：死神的聖物》時，它在短短 24 小時內售出了 1 千 1 百萬冊，看起來就像魔法一樣。

八部改編電影的票房收入達 77 億美元（根據最新統計），這也使得《哈利波特》成為票房第三高的電影系列，僅次於漫威系列和星際大戰系列，但領先龐德（巫師贏了間諜，但敗給外星人和超級英雄）。而在 DVD 的銷售額為 20 億美元，周邊商品銷售額為 73 億美元（最新統計）。

對一個關於一個青少年巫師在寄宿學校附近，從巫師袖子裡拔出魔杖揮舞的故事來說，算是相當不錯的回報。

所以，既然有這麼多鈔票到處揮灑，為什麼不買一些「奶油啤酒」來貢獻給波特一點錢呢。這是哈利和他的學校好友們，在活米村（Hogsmeade）等巫師村所喝的奶油糖果飲料。雖然過去這種飲料是虛構的，但現在它已經獲得了神奇的授權，讓我們可以買到。而且它不含酒精，符合純素食、蔬食和無麩質飲食，因此適合不喝酒的日子，還可以與孩子一起分享。去去武器走（Expelliarmus），確實如此。

## JUL 22 | 《復仇者聯盟：終局之戰》成為有史以來票房最高的電影（二〇一九年）

### 超級英雄雞尾酒 SUPERHERO COCKTAIL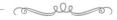

奧森·威爾斯、伯格曼、費里尼、楚浮（均為過去知名導演）——他們都無法預見這件事到來。馬丁·史柯西斯感到非常沮喪，他認為這甚至不能稱為電影。但它出現了，一部關於超級英雄的電影，在全球獲得 27.9 億美元的票房收入，成為史上票房最高的電影。

馬可·科拉羅（Marco Corallo）是一名調酒師，因此他不會飛，也不能從手中射出蜘蛛網，但他可以調製出一杯很棒的雞尾酒。他的做法是使用過熟的香蕉和要丟棄的果汁來製作這種雞尾酒，目的在減少食物的浪費。因此從某些方面看，他正在試圖拯救世界——就像鋼鐵人一樣。

---

### SUPERHERO COCKTAIL

*50ml 百家得 8 年陳釀蘭姆酒（Bacardi 8-Year-Old Rum）| 15ml 阿瑪羅拉馬佐蒂利口酒（Amaro Ramazzotti）| 20ml 熟香蕉泥 | 25ml 芒果泥 | 45ml 鳳梨汁 | 20ml 萊姆汁 | 2 茶匙糖 | 冰塊 | 鳳梨葉和萊姆皮，裝飾用*

- 將所有食材（裝飾物除外）放入雞尾酒調酒器中，加冰塊搖勻。濾入裝滿冰塊的提基杯或柯林杯中，再用鳳梨葉和萊姆皮裝飾。

---

## JUL 23 | One Direction 樂團成立（二〇一〇年）

### 艾克恩血橙雪碧雞尾酒 ÆCORN BLOOD ORANGE SPRITZ

在一次採訪中，歌手連恩·佩恩（Liam Payne）透露，他在男子樂團 One Direction 表演時的演出前儀式是喝「紅牛伏特加」——用四倍的伏特加與能量飲料混合。他很聰明地將這種飲料稱為「四伏紅牛」（QuaddyVoddyRedBull）。

這個名字不錯，但它會讓你暈頭轉向，而且由於有些團員在樂團成立時還沒達到飲酒年齡，所以我們選擇這款艾克恩苦味雞尾酒，一種更有品味且不含酒精的雞尾酒。

---

## ÆCORN BLOOD ORANGE SPRITZ

*冰塊 | 50ml 艾克恩苦味酒（ÆcornBitter）|*

*芬味樹血橙蘇打（Fever-Tree Blood Orange Soda），注滿用 | 血橙片，裝飾用*

· 紅酒杯裝滿冰塊，倒入苦味酒，然後加入血橙蘇打攪拌，再用血橙片裝飾。

---

## JUL 24 ｜ 大仲馬的生日（一八〇二年）
### 雅馬邑 ARMAGNAC

「人人為我，我為人人；團結則存，分裂則亡。」這是大仲馬在他的熱門作品《三劍客》（The Three Musketeers）裡的名言。大仲馬於 1870 年去世，因此無法親眼目睹他的故事因動畫片《湯恩與劍客汪汪隊》（Dogtanian and the Three Muskahounds）而永垂不朽，但他確實嚐過法國最古老的白蘭地──雅馬邑白蘭地。

雅馬邑是法國西南部加斯科尼地區的烈酒，這是大仲馬筆下主角達太安（D'Artagnan）的故鄉。雖然我們熱愛干邑，但值得一提的是法國人在保留雅馬邑給自己的方面，做得非常出色。全球消費的一點五億瓶干邑白蘭地中，只有 2.5% 在法國本地銷售，而每年銷售的雅馬邑白蘭地中，只有不到一半（約 6 百萬瓶）賣到國外。

那是因為它是由美妙的設備所製作出來的可愛液體，製作過程可能不夠穩定、較為鄉村、質樸，但卻能像修剪整齊的酒莊干邑白蘭地一樣精緻，使其成為液體形式的「法式深度」（La France Profonde）文化。

# 全國旋轉木馬日（全國旋轉木馬日）

老廣場 VIEUX CARRÉ

東羅馬帝國的人們經常笑得很開心。以他們的君士坦丁堡競技場（Hippodrome of Constantinople）為例，這是一個名副其實的公共遊行遊樂場，以高度娛樂性的公開處決和羞辱皇帝的敵人而自豪。有一次——這實在太搞笑了——他們公開鞭打一名敵人，而他則赤裸裸地背過來騎在驢子上繞跑道奔行。一頭驢子，把人的屁股全露出來而顯得滑稽（譯註：驢子 ass 也是屁股、糗態之意）。還有一次，他們當眾蒙住囚犯的眼睛，讓他們看不到所有的人正對他們咯咯地笑著，而且笑得這麼開心。

他們坐的旋轉木馬比較沒那麼暴力。西元 500 年的小亞細亞石雕上可以看到，他們從取笑這些矇眼囚犯坐著的無害旋轉籃子中，得到了快樂（譯註：亦有說法是為了訓練士兵閃躲攻擊）。幾千年後，旋轉木馬依舊可以為我們帶來愉悅和歡樂，這也就是我們會花一天的篇幅來紀念它們的原因。

紐奧良的蒙特萊昂飯店有一個旋轉木馬酒吧，就像許多最棒的旋轉木馬一樣，這座酒吧確實可以旋轉。40 多年來，這家擁有 25 個座位的酒吧，每 15 分鐘就會旋轉一圈，並且會供應 1930 年代的經典雞尾酒作品「老廣場」。

## VIEUX CARRÉ

*30ml 裸麥威士忌（rye whiskey）| 30ml 干邑白蘭地 | 30ml 甜香艾酒 |*
*15ml 班尼狄克丁（廊酒）| 2 長滴裴喬氏苦精（Peychaud's bitters）|*
*冰塊 | 檸檬皮碎，裝飾用*

· 將所有液體成分加入岩石杯中並加滿冰塊，短暫攪拌後用檸檬皮碎裝飾。

## JUL 26 | 愛因斯坦廣義相對論驗證（二〇一八年）

黑洞波特 BLACK HOLE，奧克姆啤酒廠

2018 年，歐洲最先進的跨國天文學組織「歐洲南方天文台」（European Southern Observatory），透過位於智利的「甚大望遠鏡」（Very Large Telescope）觀察了 S2 恆星通過位於銀河系中心黑洞時的情況。在記錄位置和速度的測量結果後，他們回報的結果跟牛頓的預測不同，但跟「廣義相對論」的預測非常一致，等於支持了愛因斯坦對於恆星穿過超大質量黑洞附近極端引力場的運動理論。

這就是我們關於這件事必須說的全部內容，聽起來似乎很重要。

## JUL 27 | 摔角手 Triple H 的生日（一九六九年）

跳舞侏儒酒廠的三倍盧斯特拉
DANCING GNOME TRIPLE LUSTRA

這是一份禮物：一位名叫 Triple H（三 H，本名為保羅・李維斯克，Paul Levesque）的摔角手，剛好搭配三倍 IPA 啤酒。Triple H 在 1999 年獲得 WWF 摔角冠軍；而這款三倍盧斯特拉（Triple Lustra）則是由匹茲堡精釀啤酒專家「跳舞侏儒」酒廠所釀造。這款啤酒的啤酒花含量是該廠極受推崇的淡艾爾啤酒的三倍，並帶有柑橘味，酒精濃度高達 11%，讓你大呼過癮。

## JUL 28 | 秘魯獨立紀念日

皮斯可酸酒 PISCO SOUR

秘魯人聲稱他們發明了「皮斯可酸酒」，但智利人也說是他們發明的。遺憾的是，智利的獨立紀念日與山繆・詹森（Samuel Johnson，譯註：英國文人）的生日同一天，而我們已經寫了這一天，所以就當做是秘魯發明的吧。

## PISCO SOUR

*60ml 皮斯可 | 30ml 萊姆汁 | 15ml 糖漿 | 1 個蛋白液 | 冰塊 | 安格仕苦精 3 長滴*

- 在雞尾酒調酒器中搖勻 4 種原料,加入冰塊再次搖勻。濾入岩石杯中,加或不加冰塊取決於你的喜好。接著在頂部撒上 3 長滴安格仕苦精,並搖晃頂部即可。

**JUL 29** | **《雞尾酒》電影上映**(一九八八年)

波爾多 PINK SQUIRREL

《雞尾酒》是有史以來最好的一部調酒師電影,因為它是有史以來唯一一部真正的調酒師電影。純粹主義者會說佛拉納根(Flanagan,湯姆克魯斯飾)是世界上最糟糕的調酒師,而他的《最後的調酒詩人》這首詩令人難堪,其中還包括說錯了一些酒名。不過,至少「粉紅松鼠」(Pink Squirrel)確實存在,儘管我們不常做這種雞尾酒。

## PINK SQUIRREL

*20ml 杏仁乳酒(crème de noyaux)| 20ml 白可可酒 | 40ml 鮮奶油 | 冰塊 |*
*磨碎的肉荳蔻,裝飾用*

- 將雞尾酒調酒器中的所有液體成分加冰塊搖勻,然後濾入冰鎮的雞尾酒杯中,再用磨碎的肉荳蔻裝飾。

**JUL 30** | **艾蜜莉・布朗特的生日**(一八一八年)

雪酪酸啤—覆盆子 + 大黃,北方啤酒公司
SORBET SOUR-RASPBERRY + RHUBARB

凱特布希（Kate Bush，英國女歌手）在她的歌曲《咆哮山莊》中唱道：「在荒涼而風起雲湧的草地上，」她說艾蜜莉·布朗特（Emily Brontë，咆哮山莊作者）是這首歌的靈感來源，她的創作風格便是如此，就像約克郡的狂風一樣，在文學界掀起了一股猛烈的變革之風。布朗特跳脫維多利亞社會由男性驅動的，對於女性的既定印象。

為了紀念這位作家和她描繪的多風荒原，請各位嘗試一些多纖維的約克郡大黃（Rhubarb）。在早期的醫學記載中，這種蔬菜被用來緩解消化問題，因為能引發打嗝而大受推崇。在 17 世紀時，大黃的價格甚至是鴉片的三倍。

至於那些對調節腸道運輸不太感興趣的人來說，可以嘗試大黃啤酒。雪酪酸啤為北方啤酒公司（North Brewing Co.）與冰淇淋製造商北方聯盟（Northern Bloc）合作，推出這款三種水果酸味與純素冰淇淋的混合物，並使用產自約克郡大黃三角區裡著名的 E. 奧德羅伊德父子公司（E. Oldroyd & Sons）所生產的棚栽大黃。

今天也是偉大的凱特布希生日，可愛的傢伙。

## JUL 31 | 停止供應蘭姆酒日（一九七〇年）
航海家蘭姆酒 BLACK TOT RUM ☒

「停止供應蘭姆酒日」（Black Tot Day）代表英國海軍「蘭姆酒配給制度」的終結，蘭姆酒配給制度（Rum Ration）是一項具有 3 百年歷史的海軍福利，亦即每天都會提供一定數量的蘭姆酒給水手。

這是起源於 17 世紀的每日「一小杯」（tot），本來酒就比水更安全一點，在早晨過後喊出「把酒端上來」之後，這些讓人醉醺醺的午前點心酒，便開心地灌進水手們的食道裡。蘭姆酒水手長（真實職稱）會把大家的配給量放在稱為「芬妮」（fannies，譯註：帶有性暗示）的蘭姆酒桶中，讓這些海上水手每天可以滿足地浸入所謂的「芬妮」中。

到了 20 世紀，這樣的「一小杯」仍包含在海軍的薪餉配給中，其配給量為

71 毫升，酒精濃度接近 55%。當然，這也一樣算是喝酒，並暗示著海軍軍官在控制核潛艇時，正處在早晨過後的酒精興奮中。雖然聽起來可以一笑置之，但應該沒有人願意看到一條又長又硬、裝滿興奮水手的東西衝向他們。不要酒後開車，核潛艇也一樣。

因此在 1969 年，海軍部委員會（只有無聊的人才能擔任）裁定這種口糧配給並不安全，於是在 1970 年的這一天，最後一杯蘭姆酒倒完後，水手們戴上黑色臂章，把退休的「芬妮」扔進海裡。

所以今天請喝一杯航海家蘭姆酒來致敬：它融合了來自皇家海軍酒窖裡歷史悠久的蘭姆酒，以及美妙的現代烈酒。請對著所有海軍風險評估人員啜飲，並比出代表勝利的「V」手勢。

# 8 月
## AUGUST

### AUG 1 | 約克郡日
傳送 IPA 啤酒 TRANSMISSION IPA，北方啤酒廠

不是，應該說今天是約克郡及其狩獵帽民眾們，慶祝「上帝之郡」對歷史貢獻的日子，例如布丁、貓眼（見 3 月 15 日）、威廉·威爾伯福斯議員（MP William Wilberforce，推動的廢除奴隸制法案在 1934 年的今天生效）。當然，還有這款來自北方酒廠（North Brewing）優秀人士生產的「好酒」（reetGradely）IPA。

### AUG 2 | 費拉·庫蒂過世（一九八七年）
「殭屍」雞尾酒 ZOMBIE

費拉·庫蒂（Fela Kuti）是史上最時髦的自由鬥士。身為「非洲節拍樂」（Afrobeat，結合了約魯巴節奏、美式放克和洋涇濱英語）的創作者，他用歌曲《殭屍》（Zombie，嘲笑軍隊的無知）和《國際竊賊》（International Thief Thief，對企業貪婪的放克式譴責）等歌曲來嘲笑奈及利亞的軍政府。

隨著他的知名度越來越高，想讓他閉嘴的人也越來越多。在《殭屍》一曲取得成功後，軍方多次襲擊宣布獨立的「卡拉庫塔共和國」（Kalakuta Republic），這是庫蒂的家人和朋友一起居住的公共大院。裡面有一個免費的健康診所、他的錄音室以及大量的性愛和毒品（尤其是大麻）。

在某次逮捕過程中，警方試圖栽贓毒品給庫蒂，他直接抓起大麻塊吃下去，於是他被逮捕了。警方只要等待「證據」自然出現即可，但庫蒂騙過了警方，將大麻塊偷偷吐到一個公共垃圾桶中。

結果庫蒂被捕三天後終於「大解」時，便盆裡已經沒有「大麻」了。一年後，庫蒂發行了一首題為「花掉的屎」（Expense Shit）的歌曲——這首歌深受所有收聽電台的小伙子們喜愛。

1977 年，情況變得很糟，當時警察放火燒了大院，抓住庫蒂的生殖器將他從床上拖出來，打碎他的頭骨、手臂和腿。同時，他 82 歲的母親也被推出窗外，在受傷後不治身亡。

庫蒂經常只穿著比基尼式的三角內褲接受採訪，真的是個古怪的傢伙。他曾經在一次婚禮上與 27 名女性結婚，採用輪班制度讓她們都能滿意，並且還在 9 年後與她們全部離婚。他宣稱，「任何男人都沒有權力擁有女性的陰道。」

他因被嫁禍的貨幣走私、謀殺等各種罪名而被逮捕、毆打和冤獄超過上百次，最後於 1987 年死於愛滋病相關併發症。但他仍然是非洲有史以來最偉大的音樂家之一。讓我們用「殭屍」雞尾酒向他致敬。

---

### ZOMBIE

*冰塊 | 50ml 白蘭姆酒 | 25ml 黑蘭姆酒 | 20ml 白柑橘香甜酒（triple sec）|*

*20ml 柳橙汁 | 20ml 萊姆汁 | 15ml 糖漿 | 15ml 石榴糖漿 |*

*2.5ml 保樂艾碧斯（Pernod Absinthe）苦艾酒 | 葡萄柚皮和一顆櫻桃，裝飾用*

· 將所有液體材料加入裝滿冰塊的高腳玻璃杯中攪拌，再用葡萄柚皮和櫻桃裝飾。

---

## AUG 3 │ 傑西歐文斯在一九三六年柏林奧運會奪得金牌
「淘金熱」雞尾酒 GOLD RUSHT

1936 年的柏林奧運，為希特勒提供了一個驕傲展示第三帝國權力的平台，強化了納粹亞利安人種族優越的觀念。

然而從開幕典禮開始，他的政權榮耀就遭到破壞，因為當時有 2 萬 5 千隻鴿子被炫耀地放飛到擁有 10 萬個座位的奧林匹克體育場上，結果這些鴿子被震耳欲聾的砲聲嚇到，所有鳥糞空投到下方的參賽者身上。

這還不是希特勒閱兵式上唯一搗蛋的一場「雨」，非裔美國運動員傑西歐文斯（Jesse Owens），贏得了四枚金牌：男子 100 公尺、跳遠、200 公尺和 400 公尺接力。「他就像水一樣的漂過賽道」，歐文斯在進入決賽的過程中打破了世界紀錄，而德國金童艾里希‧博希邁耶（Erich Borchmeyer）則僅獲得第五名。

雖然歐文斯的勝利，嘲諷了這場國家社會主義意識形態，但希特勒拒絕承認歐文斯的成就。他心裡認為「非裔美國人」只是體力比「文明白人」更強的動物，因此沒有權利參加奧運。

歐文斯甚至不知道這件事，也不關心希特勒正在觀賽。「我看到了終點線，就知道這 10 秒就把 8 年的努力推向高峰，」他後來說「一個錯誤就可能毀掉這 8 年。所以，為何我要擔心希特勒呢？」

歐文斯在家鄉遇到的種族歧視，反而讓他受到更嚴重的傷害。歐文斯從柏林與白人隊友合住的飯店返回美國後，竟被阻擋進入在紐約華爾道夫酒店為他舉行的招待會。

身為黑人，歐文斯被禁止從大門進入，並被毫不客氣地被侷限在飯店的貨運電梯中，無法參加屬於自己的慶祝活動。富蘭克林‧羅斯福總統甚至沒有向他表示祝賀。歐文斯說：「我沒有被邀請與希特勒握手，但我也沒被邀請到白宮與總統握手。」

他從希特勒總部金光閃閃的回來，但在美國仍然無法坐在巴士前排。而且，當他的奧運獎金用完時，歐文斯參加了與賽馬賽跑的新奇活動，「我該怎麼辦？金牌又不能拿來吃。」

最後，美國終於了解到了歐文斯的偉大，並於 1976 年授予他自由勳章（Medal of Freedom），這是美國公民的最高榮譽。

如今，他被正確地認為是有史以來最偉大的短跑運動員，讓我們用紐約奶與蜜（Milk & Honey）酒吧調製的「淘金熱」雞尾酒來紀念他的勝利日。

## GOLD RUSHT

*50ml 波本威士忌 | 20ml 檸檬汁 | 20ml 蜂蜜糖漿 | 冰塊*

- 將所有原料放入雞尾酒調酒器中，加冰塊搖勻，然後濾入裝滿冰塊的經典威士忌杯中。

## AUG 4 ｜ 超級星期六（二○一二年）

倫敦之光 LONDON PRIDE，富勒啤酒廠 ✉ 🍾

在 2012 年倫敦奧運會上，英國人做了一些很不英國的事，也就是在英國 104 年的奧運會歷史上，在最偉大的一天中贏得了六面金牌。

在早上的競艇比賽奪得幾枚金牌後，女子自行車隊也在自行車賽館度過一個令人驚嘆的下午，取得輝煌的成績。而在奧林匹克體育場的 8 萬名觀眾面前，英國隊努力達到了運動狂喜的巔峰。

莫法拉（Mo Farah，一萬公尺）、格雷格盧瑟福（Greg Rutherford，跳遠）和潔西卡恩尼斯（Jessica Ennis，七項全能）在短短 26 分鐘內又奪得三面金牌。


## AUG 5 ｜ 英國生蠔節

波特 PORTER ✉ 🍾

早在 18 世紀，人們就已經會去酒吧喝一品脫黑啤酒配幾顆生蠔——當時這是工人階級在酒吧隨意享用的小吃。

我們不確定生蠔何時開始變得如此奢華，但確實已經如此，也許是因為它們被認為是春藥，例如卡薩諾瓦（Casanova，義大利作家）以每天吞食 50 顆生蠔而聞名，他的活力旺盛（據說伴侶不計其數）。

很明顯的，富含鋅的貝類會讓睪固酮激增，提高男人的「紳士」能力。而且生蠔看起來很像女性生殖器，這應該也能增加男性性慾。

如果是女性呢？好吧，如果她們喜歡的也是女性的話，跟女性生殖器很像的這點就適用。否則，吃生蠔帶來的刺激會增加興奮感，女人也會嗎？

不論如何，生蠔不會自己剝殼（譯註：暗指女性不可能自己脫衣服），不是嗎？所以，不要害羞：吃生蠔和黑啤酒。

## AUG 6 | 牙買加獨立日
### 紅條紋拉格啤酒 RED STRIPE LAGER

經過 5 百多年的殖民統治後，牙買加於 1962 年脫離英國宣布獨立。

每年，每個人都會以綠色、黑色和金色的國旗色慶祝，主要活動是在京斯敦（Kingston，牙買加首都）舉行的牙買加節。這是一場色彩繽紛的狂歡節，有遊行、煙火和著名的牙買加軍樂隊（Jamaican Marching Band，特色是隊伍裡拿三角鐵的那個人，只負責站在隊伍最後面湊數）。

## AUG 7 | 奧利佛‧哈台過世（一九五七年）
### 棚車 BOXCAR

儘管我們「一天一則酒知識」已經很好笑了，但「勞萊與哈台」（Stan Laurel and Oliver Hardy）仍然是有史以來最偉大的單口喜劇二人組。

這兩個不具備腦細胞的朋友，卻因一種絕望而可愛的樂觀情緒團結在一起，他們都是滑稽表演的黑帶，能夠將最平庸的情況，變成一場旋風式的鬧劇。

他們最喜歡的調酒是「白色佳人」（詳見 6 月 16 日），但我們可以快速瞄一下製作「棚車」的配方，使用萊姆汁、石榴糖漿和「布魯克琴酒」（Broker's Gin），這是經典的倫敦乾酒（Dry，較不甜的酒），每瓶頂部都附有一小頂圓頂禮帽（bowler hat，亦即勞萊與哈台戴的帽款）。

### BOXCAR

*60ml 布魯克琴酒 | 25ml 檸檬汁 | 25ml 白柑橘香甜酒 | 5ml 糖漿 |*
*10ml 石榴糖漿 | 1 個蛋白液 | 冰塊*

- 將雞尾酒調酒器中的所有材料加冰塊搖勻，然後濾入「糖」口杯中。

# AUG 8 | 亞伯托·桑托斯·杜蒙的飛艇撞進巴黎的酒店上（一九〇一年）

卡夏莎雪碧雞尾酒 CACHAÇA SPRITZ

阿爾貝托·桑托斯·杜蒙（Alberto Santos-Dumont）是第一個駕駛個人飛行器飛行的人。杜蒙是個古怪、樂於助人的巴西人，他以航空界的英勇事蹟，吸引著美好時代的巴黎，他把「上升氣流」帶到了上流社會。白天的時候，他會開飛艇去購物，到了晚上，他會飛到香榭麗舍大道去吃晚飯。當他用餐時，會把飛艇綁在路燈柱子上。

然而，飛行並不總是順利。1901 年的今天，他繞著艾菲爾鐵塔轉了一圈，流失氫氣，飛艇撞進了特羅卡德羅酒店（Trocadero Hotel）。值得慶幸的是，唯一受傷害的是他的自尊心。

可惜的是，由於第一次世界大戰把他心愛的飛機轉變成殺人機器，讓杜蒙感到震驚，於是他在 1932 年結束了自己的生命。

## CACHAÇA SPRITZ

*冰塊 | 50ml 卡夏莎酒 | 通寧水 | 萊姆角片，裝飾用*

· 在玻璃杯中裝滿冰塊。加入卡夏莎酒，然後加入通寧水並攪拌，再用萊姆角片裝飾。

# AUG 9 | 比薩斜塔動工興建（一一七三年）

比薩利口酒（裝在「斜塔」造形瓶中）PISA LIQUEUR

當傳奇靈魂歌手艾德溫史塔（Edwin Starr）一再感嘆戰爭一無是處的時候，顯然是因為他沒有蓋過一座 12 世紀的大教堂。

早在 1173 年，當比薩人民開始在多孔隙黏土上，為 56 公尺高的鐘樓打地基

時，這種愚蠢行為變得顯而易見。幸運的是，義大利各邦之間很快就爆發了戰爭（再次），因此施工停止了，讓這座塔有時間在土壤中沉降，防止倒塌。

工程重新進行後，這座塔依然是傾斜的。但托斯卡納人就像 2011 年在我們的某個廚房節目裡，搞砸一切的幾個牛仔一樣，無論如何都堅持做下去，希望問題能自動消失。

當他們在 1372 年完工時，還在塔頂安裝一些非常重的鈴鐺（肯定雪上加霜），塔樓的傾斜度為 1.4 公尺；4 百年後，它的傾斜度增加到 3.8 公尺；到了 1993 年，情況變得更不穩定，傾斜了 5.4 公尺。由於對遊客不安全，比薩斜塔被迫關閉到 2001 年。

到了 2018 年，補強工程已經將塔的傾斜度縮小了 4 公分，面有難色的建商估計，只要稍微的「bish-bosh-shoom-shoomdone」（譯註：修補的擬聲），這座塔在西元 2300 年將完全豎直。

## AUG 10 | 英王查理二世和約翰·佛蘭斯蒂德為倫敦格林威治皇家天文台安放奠基石（一六七五年）

### 倫敦淡艾爾啤酒 LONDON PALE ALE，同時酒廠

當查理二世被說服在格林威治建立皇家天文台時，很多人都覺得非常懷疑，然而當他們從巨大的望遠鏡裡觀看時，就能真正體會到查理二世為何有這樣的想法。

在 1884 年採用格林威治子午線作為國際時區起點的過程中，這座天文台發揮重要的作用。格林威治也是倫敦第一家「精釀」啤酒廠「同時酒廠」（Meantime Brewing）的所在地，該啤酒廠由釀酒先驅者阿拉斯泰爾·胡克（Alastair Hook）於 1999 年創立。該廠的淡艾爾啤酒非常迷人，是用來自肯特鄉村的啤酒花釀製的（喝了幾品脫酒以後才說這些正經事，真的有點危險）。

AUG
**11** | 國際科學家團隊宣布格陵蘭鯊為世界上
現存最老的脊椎動物（二〇一六年）

即使鯊魚也需要水啤酒，蒼翠酒廠
EVEN SHARKS NEED WATER IPA

頂級殺手「格陵蘭鯊」（Greenland shark）位於北極食物鏈的最頂端，往下依序是其他鯊魚、海豹、魚類、鹿，以及人類（如果夠胖且正在附近划槳的話）。

有鑑於它作為「北極終極殺手」的惡名昭彰，一般不會建議任何人靠近它，並開始挖它的某隻眼睛，然而這正是一些穿著泳衣的魯莽科學家在 2016 年所做的事。

在勇敢地從格陵蘭鯊魚眼睛的晶狀體中，刮取蛋白質進行碳定年後，他們發現最老的鯊魚誕生於 1600 年代初。這意味著當滿載朝聖者的五月花號啟程前往美洲時（詳見 9 月 6 日），它還是穿尿布的年紀；而當庫克船長發現紐西蘭和澳洲時，它才到了 150 歲，性成熟的年紀。

AUG
**12** | 世界大象日
粉紅象 DELIRIUM TREMENS

這款濃烈的（8.5%）比利時淡艾爾啤酒，在標籤上有一隻粉紅色的大象。因此請開一瓶來聽故事，也就是我們要說的這些你可能不知道，或者必須知道的有關大象的事。世界上有兩種大象，亦即亞洲象和非洲象——它們在生物學上的差異太大，無法繁殖。大象只有兩個膝蓋，位於後腿上，因為大象的前腿是手臂，彎曲的關節是手肘才對。

當大象把一隻腳抬離地面時，它的聽力會更好。

象鼻這個巨大的、懸垂的、可轉動的附屬物，與人類舌頭的共同點，比任何其他人體器官（包括陰莖）都多，不過人類無法用舌頭舉起 150 公斤重的樹幹（好像是有一些人可以用陰莖舉起這個重量啦）。

眾所周知，愛德華七世國王的高爾夫球包，是用大象的陰莖製成。大象最怕兩種東西：蜜蜂和人類（後者大概是因為做高爾夫球袋的這件事）。

## AUG 13 | 華格納《尼布隆的指環》首演（一八七六年）

8 號球黑麥 IPA 啤酒 8 BALL RYE IPA，比佛頓酒廠

眾所周知，歌劇要「直到胖女人唱歌才結束」。這句話對不熟悉歌劇的人來說可能很困惑，因為唱歌的胖女人好像從頭到尾都在場上。

著名的十九世紀大型歌劇，以華格納《尼布隆的指環》系列達到了巔峰：四部關於北歐眾神、邪惡侏儒和凡人英雄的歌劇，在瓦格納所謂的「音樂劇」中，展開了超過 15 個小時的故事。我們強烈建議你在開場前先上個廁所。

據說，著名的「胖女人」說法，是由熱愛歌劇的芝加哥黑幫份子艾爾‧卡彭（Al Capone）說出來的話。當他的一個手下在第一段詠嘆調結束後站起來離開時，卡彭拉住他的外套大聲說道：「坐下……直到胖女人唱歌才結束。」

然而，另一個理論卻與歌劇無關，而是認為這種說法只是跟撞球比賽有關的錯誤引用。撞球說法的「直到胖女人沉下去（sink）才結束」指的是黑色的 8 號球（撞球上俗稱「胖女人」），因為 8 號球是最後一個入袋的球。

因此，我們推薦來自北倫敦比佛頓（Beavertown）酒廠的「8 號球黑麥 IPA」：這是由辛辣黑麥和醺郁啤酒花的混合，其名稱來自最初在製作過程中，用了舊的撞球來壓緊啤酒花袋。

## AUG 14 | 科隆大教堂完工（一八八〇年）

科隆啤酒 KÖLSCH

德國科隆不是最美的地方，即使戴著「啤酒護目鏡」來看也一樣。

萊茵河上曾經擁有的宏偉建築，多半在第二次世界大戰中被 3 萬多噸炸彈夷

為廢墟，總計摧毀了超過 3 千座以上的建築物，但科隆宏偉的大教堂卻沒有被炸毀。它花了 632 年以上的時間才建成，在砲擊下斷然地拒絕屈服，儘管被炸彈直接命中了 10 幾次依然倖存：一個垂直的信仰象徵，在城市的廢墟中閃閃發光。

同樣精彩的是科隆的優質啤酒。科隆啤酒（像艾爾啤酒的釀造方式，但在寒冷條件下用拉格啤酒的方式熟成）裝在適合飲用的兩百毫升小玻璃杯中。這樣不僅可以保持啤酒的新鮮度，還可鼓勵同伴一起買酒。

## AUG 15 | 印度獨立紀念日

拉吉 IPA 啤酒 RAJ IPA，幽會啤酒廠

在和平主義者聖雄甘地帶領下，歷經數 10 年、非暴力的熱烈反抗英國統治運動，終於讓印度在 1947 年夏天迎來獨立。每年此時，印度總理都會在德里紅堡升起國旗，鳴起 21 響禮炮，紀念那些領導印度獨立運動的人們。我們正舉起一杯「印度淡艾爾啤酒」（India Pale Ale，簡稱 IPA），這是最初是為了要經歷從英國到孟買的長途海上旅行，特別釀造的啤酒。

## AUG 16 | 瑪丹娜的生日（一九五八年）

地主英式淡艾爾啤酒 LANDLORD PALE ALE，提摩西泰勒

2003 年，瑪丹娜表達了她對「地主」啤酒的喜愛，這是來自約克郡基斯利的安靜、與世隔絕的提摩西泰勒啤酒廠（Timothy Taylor Brewery）旗下的一款得獎啤酒。

她被當時的丈夫、電影導演蓋．瑞奇（Guy Ritchie）改變了觀念，當時她正處於戴著花呢平頂帽的全盛時期。結果不出所料，約克郡的「苦玫瑰酒」（bitter rose）的銷售量在她的《證明我的愛》（Justify My Love）音樂錄影帶中，《宛若處女》（Like a Virgin) 的凝視下上升，而該啤酒廠的貨車也貼上她說「地主」是「艾爾啤酒中的香檳」的廣告。

# 大衛・貝克漢從中場踢進代表性的一球
（一九九六年）

翰格俱樂部威士忌 HAIG CLUB WHISKY 🥃

在 1996 － 97 足球賽季第一場比賽的最後一分鐘，曼聯的貝克漢（Beckham）在己方半場右側接球。這位當時 21 歲的球員抬起頭，發現溫布頓隊門將尼爾・沙利文（Neil Sullivan）偏離了球門線，於是他立刻右腳掃過球，將球從 55 碼處飛踢越過慌張的沙利文後射入球網。

貝克漢在自傳中寫道：「當我的腳碰到那個球時，它為我踢開了餘生的大門。」

那記非凡的進球，以及這位中場球員在鏡頭前張開雙臂、做出彌賽亞般的姿勢，都宣告了貝克漢正式登上國際舞台——不僅作為一名足球運動員，後來還成為一位文化偶像。

「我當時不可能知道，」他在書中補充，「但那一刻是一切的開始：所有的關注、媒體報道、名聲等。」

2013 年宣佈退休後，貝克漢推出了自己的威士忌。「翰格俱樂部」威士忌採用時尚的藍色瓶裝，是一款來自卡梅倫布里奇釀酒廠（Cameronbridge distillery）的單一穀物威士忌，該釀酒廠由塔式蒸餾穀物威士忌先驅的約翰・翰格（John Haig）於 1824 年開設。

採用的穀物幾乎全是小麥，其中有 10% 是大麥麥芽，並在前波本桶中陳釀約七年：剛好是貝克漢的背號 7 號。在單一麥芽威士忌的挑剔愛好者中，它仍然像貝克漢老婆維多莉亞在辣妹時期的過往作品，一樣的默默無聞。但讓我們面對現實吧，這款酒並不適合那些人，而是刻意針對那些喜歡將其與可樂混合的威士忌飲用者的，嗯，就像貝克漢一樣的混合了多種身份。

# 法國天文學家皮埃爾・詹森在日食期間的
太陽光譜中發現氦（一八六八年）

日食雞尾酒 ECLIPSE COCKTAIL 🥃🍾🍸🥛

幾個世紀以來，日食一直讓人們感到恐懼。加州有一個土著部落波莫人（Pomo）認為日食是一隻熊對太陽咬了一大口，但即使在當時，應該也很難相信吧。因紐特人（Inuits）認為日食的兩道弧形會導致疾病，所以他們做了最簡單的對應，把餐具反過來，以便反射不好的能量，相當聰明。

動物面對日食的行為也很奇怪。1932年，教授們注意到狗會受到驚嚇，鳥兒則回到籠子裡。有趣的是，猴子們的行為和平常一樣——搖擺輪胎、丟糞便等。

1968年，在印度研究日食的研究員皮埃爾·詹森（PierreJanssen），在太陽的第二外層（日珥）發現了一條亮黃色的線條。他推論這種顏色的成因是一種尚未被發現的元素。英國天文學家諾曼·洛克耶（Norman Lockyer）也發現了同樣的顏色線條，他以希臘太陽神赫利俄斯（Helios）的名字，將其命名為「氦」。

可惜的是，在氦氣的重大突破後，詹森很難發表進一步的研究，因為沒有人能認真看待他那愚蠢的聲音（譯註：指吸氦氣後的聲音，作者開的玩笑）。然而，如果他確實就這個主題寫一本引人入勝的書，我們真的會愛不釋手。

## ECLIPSE COCKTAIL

*50ml 阿涅候龍舌蘭（Añejo tequila）| 35ml 艾普羅香甜酒（Aperol）| 35ml 希琳櫻桃香甜酒（Heering Cherry liqueur）| 35ml 檸檬汁 | 冰塊 | 梅茲卡爾酒（Mezcal），潤杯用 | 檸檬皮碎，裝飾用*

・ 將前4種原料在雞尾酒調酒器中加冰塊搖勻，濾入裝滿冰塊的經典威士忌杯中，玻璃杯中加入梅茲卡爾酒（潤完倒掉），再用檸檬片裝飾。

## AUG 19 | 可可·香奈兒的生日（一八八三年）
### 蘋果蘋果雞尾酒 POMME POMME COCKTAIL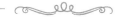

法國時裝設計師可可·香奈兒（Coco Chanel）創造出世界上許多著名的服飾，包括雙排扣大衣、喇叭褲、香奈兒套裝，當然還有「黑色小洋裝」（Little Black Dress）。

為自己準備一杯「蘋果蘋果」，這是經典香檳雞尾酒的改良版。它結合了「卡巴度斯蘋果酒」（Calvados，來自諾曼第的蘋果白蘭地，這裡是香奈兒在多維爾開的第一家商店所在地）和她最喜歡的「法國氣泡酒」（French bubbly）。她的香奈兒商標看起來也像兩顆蘋果，有點像啦。

---

### POMME POMME COCKTAIL

*方糖 | 2 長滴安格士苦精 | 25ml 卡巴度斯蘋果酒 | 香檳注滿*

· 用幾滴安格士苦精浸潤方糖，然後放入香檳杯中。倒入蘋果白蘭地，攪拌一下，然後加入冰鎮香檳。

---

## AUG 20 | 世界蚊子日
### 蚊子潘趣酒 MOSQUITO PUNCH

蚊子。難以理解為何要設立一個慶祝吸血混蛋的日子。不過，今天另一個替代的選擇是俄國人發現阿拉斯加，研究起來實在太花時間了。

所以選蚊子吧，談一些關於蚊子的事實。

蚊子是世界上最致命的動物，導致了從古至今世界一半以上的人的死因。過去由於傳播瘧疾、登革熱和茲卡病毒等致命疾病，每年都導致上百萬人死亡。

只有雌蚊子才會叮人，而且只有不出聲的蚊子才會傳染瘧疾（因為你不會注意到）。然而，一隻嗡嗡作響的蚊子不僅仍會帶給你這些麻煩，還會讓你保持清醒。如果可以選擇的話，蚊子會咬你的腳踝 —— 每次通常會喝掉自身體重三倍的血液 —— 而如果你剛吃完一根香蕉，它們還會覺得你特別美味。

那我們為什麼不把蚊子全殺掉呢？嗯，顯然它們也是主要傳粉媒介，所以殺光會造成生態系統崩潰。由於蚊子的平均壽命只有兩個月，所以即使你用報紙殺個一兩隻也沒關係。

## Mosquito Punch

*25ml 白蘭姆酒 | 5ml 薑糖漿 | 5ml 檸檬糖漿 | 5ml 檸檬汁 | 冰塊 |*
*蘇打水注滿用 | 黃瓜片，裝飾用*

· 將蘭姆酒、糖漿和檸檬汁倒入裝滿冰塊的玻璃杯中。加滿蘇打水後攪拌，再用
黃瓜片裝飾。

---

## AUG 21 | 《蒙娜麗莎》名畫失竊（一九一一年）
### 蒙娜麗莎雞尾酒 MONA LISA COCKTAIL

在《蒙娜麗莎》從羅浮宮被偷走之前，藝術界以外很少有人見過畫上的神秘
微笑。這幅世界上最著名的畫作被三名義大利雜務工偷走了，他們把畫布從畫框
上拆下來，用毛巾蓋住，然後大方走出博物館，搭火車前往義大利。

這幅傑作失蹤的消息迅速傳開，蒙娜麗莎極具代表性的形象（也就是看起來
像是在鵝卵石街道上騎自行車的臉），登上了世界各地報紙的頭版。

第一次世界大戰前夕的敵對態勢日益嚴重，所以有些人懷疑是德國人偷走這
幅畫。眾所周知，畢卡索也曾被帶去審問，不過很快就被釋放了。

一如既往，這一定是內賊幹的。然而主嫌文森佐佩魯賈（Vincenzo
Perugia）賣不掉這幅達文西的傑作，因為它在一夜之間名聞國際，變得炙手可熱
而難以兜售。

佩魯賈和他的朋友試圖把畫賣給托斯卡納（Tuscan）的一名經銷商，該經銷
商告知了警方，後來佩魯賈和他的朋友被捕並判處入獄 8 個月。如果考慮到這幅
畫現在的價格估計約為 8.5 億美元的話，實在太物超所值了。讓我們用「蒙娜麗莎
雞尾酒」來紀念這一刻。

## AUG 22 理查三世在博斯沃思戰役中陣亡（一四八五年）

**骷髏劈裂者 SKULL SPLITTER，奧克尼啤酒廠**

理查三世在博斯沃思戰役（Battle of Bosworth）中，被威爾斯人擊中頭部陣亡的 520 幾年後，在萊斯特的一個停車場下方的遺跡裡被人發現他的屍骨。

理查三世被認為不光被只有「囚禁理查」（譯註：他的姪子約克公爵理查本應繼承王位）的事件，還是所有英國君主中最邪惡的。除了是個駝背的虐待狂外，他還殺害嬰兒，屠殺妻子，甚至留著在當時還不可能創造流行的「蘑菇頭」髮型。

理查三世是最後一個戰死在沙場上的英國國王，2015 年被重新安葬在萊斯特，與該市足球隊的命運一樣，都發生了令人難以置信的逆轉。例如該隊克服重重困難贏得英超冠軍，還有萊斯特城的球場名稱正巧是「王權」（King Power）。巧合？沒錯。

## AUG 23 藍道夫・范倫鐵諾過世（一九二六年）

**「血與沙」雞尾酒 BLOOD & SAND**

藍道夫・范倫鐵諾（Rudolph Valentino）異常性感，是一位集性感、男性魅力於一身的義大利人。他在整個 20 年代上半葉，點亮了無聲銀幕，滿足了美國男人想要成為但不可能辦到的一切。

這位「拉丁情人」跳探戈、快步舞和兔子舞；他會騎馬、唱歌、寫詩，雖然眾所周知他時常落淚，但他同樣也是一位才華橫溢的拳擊手，可以打碎你的臉。女生最喜歡這樣的男人了。

當他因闌尾炎併發症去世時，年僅 31 歲，幾千名淚流滿面的哀悼者站在紐約街頭，有些崇拜者甚至因他的去世悲痛欲絕而自殺。

他最著名的電影之一《碧血黃沙》（Blood & Sand，講述一名鬥牛士同時追求兩位女性的故事），也是哈利‧克拉多克 1930 年出版的《薩沃伊雞尾酒書》中一種著名威士忌雞尾酒的名稱。

### BLOOD & SAND

*20ml 蘇格蘭威士忌 | 20ml 希琳櫻桃香甜酒 | 20ml 甜香艾酒 | 25ml 柳橙汁 | 冰塊 | 火焰橙皮，裝飾用*

- 將雞尾酒調酒器中的所有原料（裝飾物除外）與冰塊一起用力搖勻，濾入冰鎮的雞尾酒杯中，再用燒過的橙皮裝飾。

---

## AUG 24 | 老普林尼去世（西元七十九年）
### 老普林尼雙倍 IPA 啤酒，俄羅斯河流酒廠
PLINY THEELDER DOUBLE INDIA PALE ALE

老普林尼是位廣受尊敬的羅馬作家、博物學家和希臘哲學家，只不過他應該是個很糟糕的醫生。例如為了治療癲癇，他建議在新月的第 2 天在戶外吃黑公驢的心，也可以咀嚼一些稍微水煮的熊睪丸或加蜂蜜的乾駱駝腦，或是喝新鮮的角鬥士血液。

要治療尿失禁，請嘗試用紙莎草擦拭生殖器尖端。如果不起作用的話（本來就行不通），那就喝一杯混有燒焦豬陰莖灰燼的葡萄酒，或在鄰居養的狗床上小便。

用豬油和戰車車輪的鐵鏽製成的奶油，可以用來治療痔瘡，天鵝脂肪和母山羊的尿同樣也能治療痔瘡。如果頭痛的話，可以把一些狐狸的生殖器綁在頭上。

至於宿醉，普林尼的處方是服用一些生貓頭鷹蛋或炸金絲雀。

　　某些啤酒歷史學家認為根據普林尼的《博物志》（Naturalis Historia）一書，他是第一位描寫啤酒花的人，這點讓我們必須就當代人類知識進行大型調查，結果事實上並不是他，而是要到 16 世紀的瑞典植物學家林內（Carl Von Linné）為啤酒花取了植物學名稱時才算，但林內這個人卻沒那麼有趣。

　　就連老普林尼的死法也相當有意思。當維蘇威火山爆發並摧毀龐貝古城時，普林尼在頭上綁著一個枕頭作為保護，前往調查火山爆發的情況。結果枕頭沒有保護作用，他死了。

　　「老普林尼」是一款添加大量啤酒花啤酒，酒精濃度為 8%，產自加州葡萄酒之鄉深處聖羅莎（Santa Rosa）的俄羅斯河流酒廠（Russian River Brewing）。這款終極雙倍 IPA 採用五種啤酒花釀造而成，至今仍擁有眾多狂熱追隨者，是世界上最優質的啤酒之一。

## AUG 25　威士忌酸酒日
### 威士忌酸酒 WHISKEY SOUR

　　想要在雞尾酒吧看起來很酷的話，就為自己點一杯「威士忌酸酒」。它適合所有季節，是不敗的經典。可選擇加不加蛋白液，如果加了會讓酒的份量變多。

### WHISKEY SOUR

*50ml 波本威士忌 | 25ml 檸檬汁 | 25ml 糖漿 | ½ 蛋白液 | 冰塊*

・將雞尾酒調酒器中的所有材料加冰塊搖勻，將冰塊濾掉，再倒入岩石杯中。

## AUG 26　威廉・帕金斯意外發明新染料（一八五六年）
### 紫水晶飛行 AMETHYST AVIATION

在英國化學家威廉·亨利·珀金（William Henry Perkin）意外創造出世界上第一種合成有機染料之前，所有的顏色都是來自天然來源，例如葉子或花朵。

他在無意間創造出的色調是紫色，他將其命名為紫紅色（mauveine，苯胺紫），這種染料徹底改變了時尚界，讓一直到當時都還很昂貴的紫羅蘭色服裝，立即變得人人都能負擔得起。當 1962 年皇家展覽會上，維多利亞女王展示了一件用他的發現所染色的禮服之後，這種紫紅色更是受到歡迎。然而當其他合成染料出現後，紫色也很快就被取代了。現在就算是小個子流行歌手「王子」（Prince）復活，也沒辦法再創造出這種紫色的流行（譯註：王子的名曲是「紫雨」）。

請用紫羅蘭琴酒（violet-hued gin）為自己調製一杯淡紫色的「紫水晶飛行」，古希臘人認為紫水晶（石英的紫色版本）可以防止喝醉。Amethyst 這個術語源自 amethustos，意思是「沒醉」。

---

## AMETHYST AVIATION

*40ml 博依紫羅蘭琴酒（Boë Violet Gin）| 25ml 新鮮檸檬汁 |*
*10ml 黑櫻桃利口酒（maraschino liqueur）| 冰塊 | 梵提曼粉紅葡萄柚通寧水*
*（Fentiman's Grapefruit Tonic），注滿用 | 新鮮粉紅柚子片，裝飾用*

- 將琴酒、檸檬汁和黑櫻桃利口酒放入加冰塊的雞尾酒調酒器中搖勻，然後濾入裝滿冰塊的高腳玻璃杯中。加滿葡萄柚通寧水，並以葡萄柚片裝飾。

---

# AUG 27 | 有史以來最短的戰爭（一八九六年）
### 一口杯蘭姆酒 SHOT OF RUM

1896 年，英國人要尚吉巴（Zanzibar）的蘇丹別再胡鬧。當他們並未聽話照做時，英國海軍軍艦在可憐的草皮上落下幾發砲彈，而且在 38 分鐘內贏得這場戰爭。

## AUG 28 | 聖奧古斯丁日

最大者啤酒 MAXIMATOR，奧古斯丁酒廠

聖奧古斯丁的知名事蹟是在 30 多歲時「發現」神蹟。在此之前他就像個無賴，在阿爾及利亞和一些很酷的女人廝混在一起，生了一個兒子，到處向女人求愛，因此經常被打。在踏上救贖之路前，他向全能的上帝祈求：「請賜予我貞潔和節制，但現在還不是時候。」

而在米蘭獲得宗教頓悟後，他決心皈依基督教，上帝也任命他成為釀酒商人的守護神。所以來一杯「最大者」吧，這是一款巨大的黃銅色「雙倍勃克」（Doppelbock）啤酒，產自慕尼黑最古老的啤酒廠奧古斯丁酒廠（Augustiner-Bräu），在 14 世紀時由當時的隱士建造。

它的濃度是 7.5%，所以如果你喝太多的路，可能就會找不到你的鑰匙，更別提找到上帝了。

## AUG 29 | 哈利・克拉多克的生日（一八七五年）

薩沃伊特級 2 號 SAVOY SPECIAL NO.2

哈利・克拉多克（Harry Craddock）在紐約和芝加哥的一些小酒吧接受調酒藝術的洗禮，他因在美國禁酒令開始前，提供了最後一杯合法酒而聞名，之後他便返回布萊蒂（Blighty）。

接著在薩沃伊飯店的傳奇人物艾妲・科爾曼（Ada Coleman）手下工作幾年後，克拉多克於 1926 年成為該酒店招牌「美國酒吧」的首席調酒師。當時科爾曼已經退休，薩沃伊飯店認為克拉多克的美國口音可以吸引龐大的美國客戶。

1930 年，克拉多克撰寫了《薩沃伊雞尾酒書》，收錄 30 多年來，世界各地一些最好的酒吧工作者所調過的一千多種調酒配方。這是一本經典地位的雞尾酒巨著，至今仍保留在每位認真工作的調酒師書架上。

據說他有一個遺物仍保留在薩沃伊飯店美國酒吧的牆內。在 1927 年時，他在

牆裡藏了一個裝有他最喜歡的「白色佳人」雞尾酒的搖酒器（見 6 月 16 日），從未被發現。

請品嚐一杯「薩沃伊特級 2 號」來緬懷他。

### SAVOY SPECIAL No.2

*40ml 琴酒 | 20ml 乾香艾酒 | 2 長滴多寶力香甜酒 | 冰塊 | 橙皮捲片，裝飾用*

- 將琴酒、香艾酒和多寶力酒放入雞尾酒調酒器中加冰塊搖勻，濾入冰鎮的雞尾酒杯中，擠壓一圈橙皮捲片放在上面。

---

## AUG 30 ｜ 披頭四的《Hey Jude》在英國發行（一九六八年）
### 毫克 1417 慕尼黑凱勒啤酒
HACKER PSCHORR ANNO 1417 MUNICH KELLER BIER

1960 年，保羅麥卡尼在德國因點燃保險套縱火而被捕＊，《Hey Jude》（譯註：「嘿！裘德」，約翰藍儂之子朱利安的暱稱）也因此成為慕尼黑啤酒節（Munich Oktoberfest）上，那些揮舞酒杯者的經典歌曲。

＊ 譯註：當時他們找不到燈，所以點火燒了某個東西來照明，結果把牆燒黑了，主人生氣地叫警察來逮捕他們。這個被點燃的東西有各種傳聞，當然也包括作者所説的保險套。

---

## AUG 31 ｜ 范・莫里森的生日（一九四五年）
### 月舞最優苦啤酒，三倍 FFF 啤酒廠
MOONDANCE BEST BITTER

自從 23 歲時憑藉著有史以來最偉大的專輯之一《繁星歲月》（Astral Weeks），達到音樂巔峰之後，范・莫里森（Van Morrison）的觀點經常變得兩極化。儘管如此，這仍是適合「月舞」（譯註：Moondance，也是莫里森的暢銷歌名）的美妙夜晚。

# 9 月
## SEPTEMBER

### SEP 1 ｜ 最後一隻旅鴿死亡（一九一四年）
#### 粉紅甜心香料蘭姆酒 PINK PIGEON SPICED RUM

如果你住在「鴿子街」（譯註：Pigeon Street，一部卡通），你不會遇到的鴿子之一就是旅鴿（passenger pigeon），因為它已經滅絕了。在 1914 年的這一天，最後一隻旅鴿在辛辛那提動物園的圈養環境中不幸過世。

世界上當然還有很多其他種類的鴿子，我們為什麼會為這種鴿子的消失而煩惱呢？嗯，它的滅絕代表人類對自然野生動物的持續影響。1800 年代初期，隨著歐洲人向西擴張穿越新大陸，幾十億隻旅鴿聚集群飛時，數量之多足以讓遮蔽太陽。然而在一百年後，它們被獵殺到滅絕的地步。

值得補充的是旅鴿有點危害性——在數量最多的高峰期，旅鴿的糞便對人類來說是真正的污染物。這句話裡已經有許多「P」（譯註：peak population 數量高峰、poop 糞便、pollutant 污染物、people 人），不過我們還要加上一些「粉紅甜心蘭姆酒」，產自模里西斯，以同名的稀有物種「粉紅鴿」命名，該物種最近從「極度瀕危」名單躍升至「瀕危」名單了。粉紅甜心香料蘭姆酒這款甜而易飲的蘭姆酒添加了香草和肉荳蔻等植物香料。

### SEP 2 ｜ 倫敦大火開始蔓延（一六六六年）
#### 精釀拉格、吐司艾爾啤酒 CRAFT LAGER, TOAST ALE

我們真的考慮過是否要接受挑戰，在這種事件裡加入一些不成熟（譯註：half-baked，半烤熟）的雙關語。畢竟這是我們收錢寫書必須做的事，而且這類俏

172

皮話可能會錦上添花。然而我們知道英國人是靠「揉捏」長大的,因為人們確實在「倫敦大火」(Great Fire of London)中被「烤」過頭了。

1666 年,布丁巷一家麵包店發生火災,造成倫敦大部分地區被燒毀,雖然只有六人死亡,但有七萬棟房屋被夷為平地。

我們在今天並不一定要舉杯慶祝,但如果你正打算喝酒的話,千萬不要在享用「吐司艾爾啤酒」時被烤焦。該廠除了生產屢獲殊榮的啤酒外,Toast 釀酒部門的員工,使用的是剩餘的新鮮麵包來釀造啤酒,可以避免這些麵包被浪費掉。

## SEP 3 | 瑞典開始靠道路右側行駛(一九六七年)
### 麥格瑞威士忌 MACKMYRA WHISKY

我們都害怕改變——這就是為何你會在過去 20 年裡都穿同樣的舊內褲。因此,我們同情瑞典人,因為 1967 年,當政府告訴他們從靠左行駛改為靠右行駛(左駕)時,他們才驚覺自己的內褲該換了。

雖然這項改變是為了讓瑞典與鄰國保持一致,但也許更相關的事實是,本來他們駕駛的就幾乎都是左駕車輛啊。即使如此,駕駛們還是相當擔心,似乎這樣就會為原先極簡的平板家具結構,帶來各種不便、憤怒與傷害(譯註:作者諷刺 IKEA)。他們甚至將這項活動稱為「Dagen H」,雖然聽起來像是個險惡的科學實驗名稱,不過它只是「H 日」之意,而「H」則代表「Högertrafikomläggningen」,即「右側交通重組」。聽起來就不太令人興奮,可以說不值得我們在書中進行大篇幅報導。

儘管大家都很擔心,但這項改變還是成功了,而且這場勝利可能為瑞典前衛的麥格瑞(Mackmyra)酒廠,鋪平了將威士忌帶往新方向的道路。這家開創性的釀酒廠勇於顛覆傳統。他們的「瑞典橡木」(Svensk Ek)威士忌,是在幾個世紀前種植於維辛瑟(Visingsö)島上的橡樹製成的酒桶中陳釀,而他們的「綠茶」(Grönt Te)則是與日本茶葉專家合作的小野裕子斯德哥爾摩(Yuko Ono Sthlm),亦即採用茶葉製成的單一麥芽威士忌。聽起來雖然很奇怪,但他們所有

的威士忌味道都很棒——而且，由於你不能酒後駕車，所以再奇怪也不會造成交通事故。

# SEP 4 | 世界性健康日
## 止痛藥雞尾酒 PAINKILLER COCKTAIL

你是否因「柯傑克的高領毛衣」（Kojak's rollneck）感到摩擦疼痛？你是否遇到「變速箱故障」（gearbox trouble）的問題？你的鐘樓（bell tower）周圍有蝙蝠飛翔嗎？（譯註：以上三者均指性方面的問題）那麼，三思而後行啊，否則可能又得處理陰蝨問題了，請趕緊先去診所檢查一下。因為今天是「世界性健康日」（World Sexual Health Day），目的在鼓勵更多人定期進行性方面的健康檢查（俗稱「VD 日」，Vanerial Day 性病日）。

對於曾經經歷過這類嚴重疼痛的人來說，可以嘗試止痛藥雞尾酒。雖然它對於治癒「內褲痛」（underpants ouch，譯註：同樣指性方面的疾病）毫無用處，但它可以讓你有足夠的勇氣，把這個消息告訴每個你在過去一個月左右，一起睡過的伴侶。

不要忘記在雞尾酒上添加一把小傘，因為這就像是在痛苦的提醒你為什麼要記得戴保險套。

---

### PAINKILLER COCKTAIL

*60ml 普塞爾蘭姆酒（Pusser's Rum）| 120ml 鳳梨汁 | 30ml 柳橙汁 |*
*2 湯匙椰子奶油 | 冰塊 | 新鮮磨碎的肉荳蔻 | 橙片和櫻桃，裝飾用*

· 將前 4 種原料放入雞尾酒調酒器與冰塊一起搖勻，然後濾入裝滿冰塊的高球杯或高腳杯中。接著將新鮮肉荳蔻磨碎灑在上面，並用橙片和櫻桃裝飾。

## SEP 5 | 世界鬍鬚日
### 黑鬍子雞尾酒 BLACKBEARD COCKTAIL

俄羅斯皇帝彼得一世對鬍子徵稅，並要求違法者必須接受公開剃鬚的懲罰。亨利八世雖然自己有鬍鬚，但他同樣徵收了鬍鬚稅，接著他的女兒伊莉莎白一世（我們認為她應該沒有鬍子）也徵了同樣的稅。那麼，各位鄉民，他們為什麼如此反對鬍子呢？

也許這些統治者覺得鬍子很髒，這算是個公平的觀點。事實上，科學家們也得出結論，認為人類鬍鬚所攜帶的細菌比狗毛中的細菌還多，而狗上大號甚至沒擦屁股呢。

不過，如果你確實喜歡鬍子的話，那麼最著名的例子就是海盜愛德華‧蒂奇（Edward Teach），也被稱為「黑鬍子」（Blackbeard，詳見 11 月 22 日）。由於我們沒在那個條目下使用這種酒，而且名字帶有「鬍子」的雞尾酒也不多，所以我們把這種雞尾酒放在這裡。

### BLACKBEARD COCKTAIL

*40ml 香料蘭姆酒 | 140ml 可口可樂 | 60ml 健力士啤酒（Guinness）*

‧ 將材料依序倒入品脫玻璃杯中即可享用。

## SEP 6 | 五月花號啟航
### 普利茅斯琴酒 PLYMOUTH GIN

經過幾次出發失誤和幾個月的錯誤、船隻更換和修理後，五月花號的朝聖者乘客，終於航行到新大陸並載入史冊。然而，當他們全身浸濕在慶祝的海浪中時，他們的臉上，事實上，還有他們的手上，也沾滿了許多的骯髒的漂浮物（譯註：喝酒嘔吐物）。

剛開始，沒有人喜歡他們。因為許多朝聖者嚴格遵守宗教規範，所以他們的生活方式與時髦、無憂無慮的英國教會生活方式格格不入，迫使這些朝聖者們想要逃離。

雖然他們談論喝醉酒就是魔鬼的作為，但五月花號本質上就像一家浮動酒吧。該船專為運輸葡萄酒而設計，裝有 1 萬加侖啤酒、120 桶釀酒用麥芽和 12 加侖荷蘭琴酒。

儘管這樣很不虔誠，但酒卻幫了他們不只一次忙。例如當暴風雨損壞船隻時，便是靠著蘋果酒壓榨機（cider press）上的一顆螺絲修復了桅杆，而當船上的水被證明無法安全飲用時，啤酒就成為了重要的補充水分來源。

同時，這趟美酒巡遊甚至沒有導航到正確的目的地。朝聖者們最後把定錨的拖繩扔到普利茅斯岩（Plymouth Rock，以五月花號出發地命名）上登陸，距離預定目標維吉尼亞州以北幾百英里處，原因是他們的啤酒已經喝完了。

如果這艘船中斷了旅程，朝聖者們的道德指南針上就沒有任何規範了。一旦他們安定下來，很可能就會屠殺或奴役當地人。謝天謝地，登陸之後，他們依舊保留了那些嚴格的宗教原則。

因此，讓我們忽略朝聖者並關注普利茅斯這個地方，因為這裡是優秀的普利茅斯琴酒釀酒廠所在地。作為英國最古老的釀酒廠，從 1793 年以來，他們一直按照原始配方在這裡釀造普利茅斯琴酒。

## SEP 7 | 國際香腸日

### 維亞艾米利亞啤酒 VIAEMILIA，杜卡托酒業公司

我們不想宣傳隨處可見的「香腸＋啤酒」的搭配，但啤酒和薩拉米香腸（salami，義式香腸）確實是經典美味。以杜卡托酒業公司（Birrificio Del Ducato）的「維亞艾米利亞」啤酒搭配寇帕火腿（capicola）為例，這家啤酒廠的清爽但略帶蜂蜜和花香的凱勒啤酒（kellerbier）非常美味，他們的釀酒師每年都會前往德國泰特南（Tettnang），精心挑選該地區著名的花香高貴啤酒花。而

寇帕火腿（黑道家族的主角東尼·索普拉諾稱其為「gabagool」）便是它的理想搭檔：用葡萄酒、大蒜和辣椒粉調味的優質瘦肉香腸。

## SEP 8 | 世界閱讀日
ABC 雞尾酒 ABC COCKTAIL 🖼🍾🥃🍸

你能在這個特別的日子裡閱讀這本特別的書，是個多麼奇妙的選擇啊，聯合國教科文組織一定會為你感到驕傲。

### ABC COCKTAIL

*15ml 苦杏酒 | 15ml 貝禮詩奶酒（Baileys）| 15ml 干邑白蘭地*

・ 將材料冷卻，然後將每種材料依序分層放入一口杯中。

## SEP 9 | 《軍官與魔鬼》（一九九二年）
富豪香艾酒 REGAL ROGUE VERMOUTH 🖼🍾

在這部 1992 年的精彩法庭劇中，湯姆克魯斯飾演卡夫中尉。在司法面臨高度危機的場景中，他建議法官和陪審團享用一種以苦艾為原料的強化「香艾酒」，傑克·尼克遜飾演的傑索普上校憤怒的回答了經典台詞：「香艾酒！你無法承受香艾酒！」（「You can't handle vermouth!」。譯註：電影台詞原為「You can't handle the truth」，你無法承受真相！）

# 瑪莉‧拉芙的生日（一八〇一年）
## 克萊林，海地蘭姆酒 CLAIRIN (HAITIAN RUM)

瑪莉‧拉芙（Marie Laveau）是 19 世紀路易斯安那州克里奧爾人的巫毒教修行者，她對這種特殊的表演非常精通，因此被稱為「巫毒教女王」（Queen of Voodoo）。同時，她也是一位草藥醫生、助產士和有色人種女性，她因為挑戰種族主義和性別歧視上的諸多不公，開創出自己的人生道路。

據說她的公開儀式相當戲劇性，有些會涉及到蛇和犧牲雞隻的血，但這種戲劇多半都是為了窮人籌募資金，演給遊客看的噱頭。除了這些令人難忘的景象之外，拉芙還為女性提供支援並倡導婦權。

巫毒教戲劇性的觀點，在流行文化中引起了轟動，但其核心理念並不會比基督教更古怪。而且，對我們來說最重要的是，蘭姆酒在某些儀式裡發揮了關鍵的作用。

在崇拜拉沃的各種雕像和神像中，有一尊是她的脖子上掛著她養的名為「殭屍」的蛇，這是她正在召喚薩梅迪男爵（Baron Samedi）。薩梅迪是墓地的巫毒守護者，來到墓地時的外表是個戴著禮帽、穿著燕尾服，衣冠楚楚的幽靈。他被召來保護死者，而且必須用一些食物來召喚他，其中便包括蘭姆酒。薩梅迪最喜歡的是浸泡了 21 個辣椒的生蘭姆酒（Kleren），這會讓酒變得非常辣，讓你在第二天早上引起極度不適的那種酒。

這種克萊林（Kleren 或 clairin）是一種令人驚嘆不已的農用蘭姆酒，是由甘蔗汁而非糖蜜蒸餾而成，在海地偏遠地區很受歡迎。你可以品嚐從包括卡瓦永（Cavaillon）、巴拉德雷斯（Barraderes）、皮尼翁（Pignon）和聖米歇爾‧阿塔拉耶（St Michel de l'Attalaye）等四個公社精選的克萊林蘭姆酒。「薩茹斯克萊林」（Clairin Sajous，克萊林加上釀酒家族名稱）蘭姆酒是個很好的起點：在聖米歇爾‧阿塔拉耶村的謝洛（Chelo）釀酒廠進行雙重蒸餾，這是一款純淨、果香的草本烈酒，深受薩梅迪男爵的喜愛。

## SEP 11 亨利哈德遜發現曼哈頓
曼哈頓雞尾酒 MANHATTAN COCKTAIL

傳說當歐洲人於 1609 年抵達曼哈頓島時，他們發現當地的萊納佩人（Lenape）不喝酒，而且住在圓頂棚屋和圓錐形帳篷裡，只有兩種帳篷。咦，諧音梗？「兩種帳篷」（Two tents）跟「太緊張」（too tense）…

歐洲人立即開始釀造、蒸餾、開酒吧、酗酒，當然還有自吹自擂的嗨聲，因此萊納佩人將這個定居點命名為「Manna-hatta」，即「高（high 嗨）地」之意。十九世紀的《英國人的美國和加拿大指南》（Englishman's Guide-book to the United States and Canada）一書裡，將其解釋為「喝嗨了或喝醉者之地」。

多年來，我們一直往返於曼哈頓，鞏固這些傳統歐洲飲酒價值。在渥福酒廠（Woodford Reserve）的一次參訪中，我們對曼哈頓地區一系列最好的雞尾酒吧中進行評價，這次冒險被巧妙地命名為：「曼哈頓中的曼哈頓（雞尾酒）」。

如果你打算自己調酒的話，渥福酒廠的產品會是個明智的選擇：由於大膽運用的穀物和木材，以及甜香、香料、水果和花香的調合，為曼哈頓帶來了獨特的風味。

### Manhattan Cocktail

*60ml 渥福精選美國波本威士忌 | 25ml 甜香艾酒 | 3 長滴安格仕苦精 | 冰塊 | 櫻桃，裝飾用*

- 將波本威士忌、香艾酒和苦精倒入調酒杯中。加冰塊輕輕攪拌 10-15 秒，然後濾入雞尾酒杯中，再用櫻桃裝飾。

## SEP 12 《藍色小精靈》首播
琳德曼自然發酵蘋果啤酒 LINDEMANS APPLE LAMBIC

有些傻瓜認為藍色小精靈的佛里吉亞帽子，代表的是三K黨的頭巾，還有人認為既然藍色小精靈共同分享所有財產，他們一定是共產主義者。當然，這兩種觀點都是胡言亂語，而且都沒有得到創建它們的比利時團隊認證。所以比較安全的說法是：《藍色小精靈》只是一部有趣的兒童動畫小節目，而且是相當奇怪的那種，不過，完全不是一部政治寓言卡通。

藍色小精靈生活在森林裡，他們的身高是以蘋果為單位來測，大約三個蘋果高——因此我們建議你飲用傳統的「琳德曼自然發酵蘋果啤酒」它把蘋果汁與以野生酵母自然發酵的比利時啤酒混在一起。

## SEP 13 | 羅德・達爾日
### 波荷卡堡酒 CHÂTEAU DE BEAUREGARD

羅德・達爾（Roald Dahl）是一位熱情的葡萄酒收藏家，他的酒窖裡藏有木桐羅斯柴爾德（Mouton Rothschild）、拉佛勒（Lafleur）、萊奧維爾-拉斯卡斯（Léoville-Las-Cases）、比尚-朗格維爾（Pichon-Longueville）、萊奧維爾-巴頓（Léoville-Barton）、坎農（Canon）、金鐘（Angélus）和波荷卡（Beauregard）等。為了方便運酒，他甚至安裝了滑槽裝置。這個滑槽讓我們想起了《巧克力冒險工廠》（Charlie and the Chocolate Factory），胖子奧古斯塔斯・格洛普（Augustus Gloop）從巧克力河裡被吸出來的場景。事實上，紫羅蘭波荷卡（Violet Beauregard）是以波爾多的波荷卡堡（Château Beauregard）命名的，該酒莊是最大的波美侯（Pomerol）酒莊之一，也是白馬堡紅酒（Cheval Blanc）和柏圖斯紅酒（Pétrus）等著名葡萄酒的生產商。

## SEP 14 | 奉俊昊的生日（一九六九年）
### 真露燒酒 JINRO SOJU

韓國導演奉俊昊憑藉其優秀的電影《寄生上流》，當之無愧地獲得了奧斯卡獎，這部電影比《末日列車》（Snowpiercer）好得多。「燒酒」（Soju）是一種韓國烈酒，透過蒸餾米、穀物和馬鈴薯製成，很像伏特加，但酒精濃度從 20% 到 50% 都有。

## SEP 15 | 瓜地馬拉獨立日
### 博特蘭 · 索雷拉 1893 BOTRAN SOLERA 1893

瓜地馬拉人在今天可能會說「獨立日快樂」（Feliz día de la independencia，西班牙語）。不過，由於這一天代表該國擺脫西班牙統治，所以他們也可能會說「基伊馬克·基因·烏傑拉」（Ki'imakk'iin u le je'ela），這是我們會說的一點猶加敦馬雅語（Yucatan Mayan），絕不是網路上找來的。他們還可以用其他方式來表達這句話，因為瓜地馬拉有 25 種語言。

在考慮這些事情的同時，可以享用一些「博特蘭蘭姆酒」（Botran rum）。它是從初榨甘蔗糖蜜中蒸餾而成，「索雷拉 1893」採用了「索雷拉陳釀系統」（Solera 系統。譯註：多個陳釀年份原液的混合），將酒在高海拔處熟成，用的是以前用於雪利酒、波特酒和波本威士忌的木桶。

其實 Ki' 是好吃之意。

## SEP 16 | 阿諾 · 史瓦辛格成為美國公民（一九八三年）
### 高蛋白雞尾酒 PROTEIN SHAKE

在接受《男性健康》雜誌專訪時，阿諾不出所料地推薦了蛋白質奶昔（PROTEIN SHAKE），但當他說自己在這種飲料中添加琴酒或龍舌蘭酒來終止這種好味道時，便獲得了真正的《最後魔鬼英雄》（Last Action Hero）地位。

## PROTEIN SHAKE

*20ml 琴酒或龍舌蘭酒 | 250ml 杏仁奶 | 60ml 櫻桃汁 | 1 根香蕉 | 蛋白粉 1 匙 |*
*生蛋 1 顆（含殼，因為阿諾很硬核）*

·在攪拌機中混合所有食材，阿諾也是直接拿攪拌機容器喝他的加料飲料。

---

## SEP 17 ｜ 諾曼巴克利打破水上速度世界紀錄（一九五六年）

**湖區釀酒廠威士忌 LAKES DISTILLERY WHISKY** ▣

1956 年，諾曼·巴克利（Norman Buckley）在溫德米爾湖打破了「一小時平均水面速度世界紀錄」，登上了頭條新聞：「水路玩得開心」（Water way to have a good time.。譯註：也可指破紀錄的時間很棒之意）。

如果當時湖區釀酒廠有營業的話，諾曼便可能喝他們的威士忌來慶祝。這家酒廠於 2014 年開業，建於德文特河畔一座擁有 160 年歷史的農莊內。這裡的人們一直在用英國單一麥芽威士忌釀酒，只要加點水，這種酒就會真正的釋放香氣。

## SEP 18 ｜ 山繆·詹森的生日（一七○九年）

**螞蟻琴酒 ANTY GIN，劍橋釀酒廠** ▣

「Aardvark」（食蟻獸），很偉大的字，是吧？這個字雖然起源於荷蘭語，但仍值得作為英語詞典的開篇首字。好吧，事實上如果我們要精確一點的說，第一個「單字」應該就是「a」──《牛津英語詞典》甚至還把「a」分成 33 種定義。

不過「aardvark」就放在字典最前面，當然，它的意思是「食蟻獸」。你知道它們會在吞下食物後，彎曲整個胃部肌肉來咀嚼嗎？它們的長鼻子裡有十塊鼻甲骨，可以仔細篩過進入鼻子的空氣，因而讓它們具有動物界中最靈敏的嗅覺。他們也吃「a」開頭的食物「ants」（螞蟻），所以就讓我們無縫的接到了「螞蟻

琴酒」（Anty Gin，亦有音譯為「安蒂琴酒」）。

蟻螞琴酒得名於蒸餾過程中使用的螞蟻，這為琴酒帶來獨特的柑橘味，因為螞蟻會噴出甲酸作為防禦。雖然作法聽起來有點花俏，如果你喜歡螞蟻的話可能還會覺得反感，然而這種成分確實有其作用。

但我們離題了，因為今天是山繆・詹森（Samuel Johnson）的生日。他在1775 年出版了自己的字典，當時食蟻獸尚未為人所知。那他字典裡的第一個單字是什麼呢？好吧，我們可以告訴你是「abacke」，副詞，向後之意。

你被嚇退「abacke」了嗎？也許沒有。但繼續讀這本字典時，我們發現在「abacke」後面是「abactor」（破壞者），用來形容那些趕走或偷竊牛群的人。然後是「abacus、算盤」，一種計算器。接著還有更多的「a」單字要看，但我們應該就此打住，避免出版社必須大量刪除帶有虛假內容和多餘單字的條目，以便達到我們合約字數——不過，現在要刪掉這些多餘的字，絕對會比詹森和他的字典年代來得更容易。

所以我們繼續看一下「b」也很有趣，例如詹森很愛喝茶，但偶爾也會喝「brandy」（白蘭地）。不過他的字典裡的「b」是以「baa」（咩）作為開頭，就像羊叫的聲音一樣，這點相當有趣。接下來的「b」字頭是「babble」，意思是說話。呃，我們真的很閒……哦。

## SEP 19 第一屆格拉斯頓柏立當代表演藝術節
（一九七〇年）

「靈魂震撼的巫毒潘趣酒」又名「格拉斯頓伯立殭屍」
SOULSHAKERS' VOODOO PUNCH, AKA 'THE
GLASTONBURY ZOMBIE'

沒有什麼會比閱讀別人寫的「Glasto」（譯註：Glastonbury Festival，格拉斯頓柏立當代表演藝術節）遊記更乏味的了，這個事實確實也為我們節省了大量寫文章的時間。

## SEP 20 ｜ 萊特兄弟駕駛飛行者二號盤旋一圈（一九〇四年）

### 淘氣鸚鵡 IPA 啤酒 MISCHIEVOUS KEA IPA，海拔釀酒廠

　　當萊特兄弟第一次駕駛那架可怕的、搖搖欲墜的木頭翅膀機器飛向天空時，有可能預測到未來一百年的航空旅行將如何發展嗎？我們已經從他們在「飛行者二號」（Flyer II）的浪漫和玩命冒險，發展到「易捷航空」（Easyjet，英國廉航公司）在盧頓大排長龍的牛欄區（cattle-pen，譯註：繞來繞去的紅龍柱排隊通道），以及對地球更多的破壞。

　　現在的航空旅行不再是一場冒險，比較像是一場令人不悅的過程——但與萊特兄弟不同的是，至少我們有飲料推車。所以如果你必須坐飛機，那就喝一杯吧。但請注意，海拔高度會影響風味，因此需要更強烈的酒才能滿足我們的味蕾。根據漢莎航空（Lufthansa）的一項研究顯示，我們在飛機上對鹹味和甜味的敏感度會下降約 30%，因為氣壓和濕度降低會對味蕾造成嚴重影響。苦味和酸味的味道反而變好。這就解釋了為什麼烈性琴酒和奎寧水是你在雲端之際的忠實盟友，也解釋了為什麼許多航空公司不再提供普通酒類的選項，而是改為提供大量啤酒花的啤酒以及更多威士忌和葡萄酒的選項。請注意，不管瑞安航空（Ryanair，歐洲

最大的廉航公司）對菜單進行再多修改，也無法消除他們帶給你的不良飛行體驗。

　　為了配合主題，我們在今天推薦「海拔啤酒」。他們的團隊總部位於紐西蘭皇后鎮，「為了冒險」而釀造啤酒，關心地球，並因周圍環境和當地原料的影響，提供不斷改變的各種精釀啤酒系列。

## SEP 21 | 瑪麗・查布相當失望（一九一五年）

### 英倫之吻 SALTY KISS，魔法石精釀啤酒廠

　　當塞西爾・查布爵士（Sir Cecil Chubb）送巨石陣（Stonehenge）做為結婚週年禮物，卻未能讓妻子瑪麗留下深刻印象時，他才知道購買一堆巨石並不是婚姻幸福的關鍵。她的回答「把你的石頭拿開」絕對不是感動，那天晚上她也不會回報他一個鹹濕之吻。

　　如果魔法石（Magic Rock）精釀啤酒廠早在 1915 年就已經上市的話，他們可能會喝杯自己的「英倫之吻」（譯註：一種傳統德國風味啤酒）來彌補。這是以醋栗、沙棘和海鹽調味，其餘韻正如失望的配偶般酸澀。

　　查布爵士在拍賣會上花了 6 千 6 百英鎊購買了這些巨石，最後卻放棄了對這些史前岩石的擁有權，將它們作為禮物捐給了整個國家。

## SEP 22 | 凱薩琳大帝加冕為俄羅斯女皇（一七六二年）

### 俄羅斯帝國司陶特啤酒 RUSSIAN IMPERIAL STOUT

　　在凱薩琳大帝的 35 年統治期間，鎮壓了內部起義，並將俄羅斯帝國的版圖擴展到波蘭和克里米亞，與法國哲學家交朋友，創作歌劇，並倡導藝術。但凱薩琳大帝偉大的主要原因，就是她喝司陶特（stout，一種烈性黑啤酒），喝得很多，而且是強勁、醇厚的帝國黑啤酒（imperial stout），強到可以把世界各地健力士啤酒愛好者杯上的人造泡沫「奧利許（Oirish）」帽給吹掉。

　　這些司陶特屬於複雜、溫暖的粗啤酒，同時帶來煙熏味和絲滑味的感受，凱

薩琳大帝對這種啤酒的熱愛是在 1700 年代到倫敦旅行期間形成的，因為那裡到處都是波特和司陶特啤酒。斯雷爾酒廠（Thrale）的「全部」（Entire）是一款來自倫敦南部薩瑟克的帝國司陶特，這是凱薩琳大帝的最愛，使用大量保存啤酒花釀造而成，以便承受從倫敦運到俄羅斯的危險旅程。

目前還有一些釀酒商仍然生產讓凱瑟琳滿意的帝國黑啤酒。勇氣啤酒廠（Courage Brewery）為經典的斯雷爾酒配方注入新的活力，而總部位於東薩塞克斯郡布萊頓附近的哈維酒廠（Harvey's）則將其肥膩、油滑、墨黑色的帝國司陶特，陳釀超過九個月。

## SEP 23 ｜《刺激 1995》上映（一九九四年）
### 斯特羅波西米亞風格皮爾森啤酒
STROH'S BOHEMIAN - STYLE PILSNER

如果你還沒看過《刺激 1995》（The Shawshank Redemption），你真的應該去看。這是一部精彩的電影——我們給它的評分是四支半口紅（滿分五支）。人們經常談論該片的結局，不過對我們來說，最佳片段就是安迪幫獄警填寫的納稅申報表，為他的朋友換取到了冰鎮啤酒，而且這個場景還很完美的配上摩根費里曼的旁白。

電影中的囚犯們喝的是藍帶啤酒（Pabst Brewing）生產的「斯特羅波西米亞風格皮爾森啤酒」，該啤酒是由柏納斯特羅所釀造，他在 1848 年從德國來到美國，現在則是由藍帶酒廠根據原始配方釀造。

## SEP 24 ｜肯德基在猶他州開設第一家店（一九五二年）
### 肉酒的雷德萊麗塔 MEATLIQUOR RADLERITA

有些人喜歡在吃完肯德基油膩的全家桶後吮指回味，但我們對於炸雞的首選地點是「肉酒」（MEATliquor，一家倫敦餐廳）。它們的雞翅咔啦作響，味道鮮美，

是「什錦咕咕」（Clustercluck）漢堡前的完美開胃小菜。除了供應優質肉類餐點外，這家餐廳還提供優質酒類，「雷德萊麗塔」（Radlerita）便是很理想的雞尾酒。

---

## MEATLIQUOR RADLERITA

*冰塊 | 50ml 龍舌蘭酒 | 25ml 龍舌蘭糖漿 | 檸檬或萊姆榨汁 |*
*史帝戈騎行者（Stiegl Radler）葡萄柚啤酒 | 粉紅葡萄柚片，裝飾用*

- 在充分冷卻的 500ml 酒杯中加入冰塊，倒入龍舌蘭酒、龍舌蘭糖漿和檸檬汁或萊姆汁，然後加入啤酒攪拌，再用一片粉紅葡萄柚裝飾。

---

# SEP 25 | 世界夢想日
### 聖地門波特酒 SANDEMAN PORT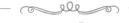

　　如果你以一點波特酒和起司來結束一個夜晚的話，請你明白讓你做夢的並不是斯提爾頓（Stilton）起司，也不是聖地門波特酒。

　　夢會發生在睡眠的 REM（Rapid Eye Movement，快速動眼期）階段，也就是你不省人事後約兩小時。如果你有健康的睡眠週期，隨著夜晚持續，你就會從快速動眼睡眠過渡到淺眠期，這表示當你醒來時，往往不會記得夢的細節。

　　雖然酒精能讓你更快進入那種生動的夢境狀態，但隨著酒精消退，你的神經傳導物質會變得激動，然後你會突然醒來，通常就會打斷你的美夢（例如和性感鄰居一起上床之類的事）。因此，你失去了那個過渡階段，也就是睡眠的關鍵時期，否則你本來應該會忘記夢的來龍去脈才對。

　　如果你在類似被打斷的情況中醒來，往往就會記得夢境。所以雖然人們常把睡眠時間的混亂，歸咎於酒精或起司，但在現實（或非現實）中，其實你在夜晚花了很多時間夢到那位性感的鄰居。只要你能在快速動眼期後享受一段健康的淺睡期，就能幫助你把這一切都忘掉。

　　消化不良也會造成同樣的干擾，而且由於起司出現在餐後，亦即你並不需要吃東西的時候，所以也更加破壞睡眠時間的穩定。

# SEP 26 | 保羅紐曼過世（二〇〇八年）

## 菲麗普雞尾酒 FLIP COCKTAIL

「沒人能吃下 50 個雞蛋。」這是奧斯卡獎得主喬治甘迺迪（George Kennedy）在「鐵窗喋血」電影中，對保羅紐曼飾演的主角酷手盧克（Cool Hand Luke，也是電影名稱）所說的話。50 個蛋看起來確實很多。當然，我們當然曾經吃過 50 顆雞蛋，但如果是在一個小時內呢？正如法國人會說「一個雞蛋就就夠了（譯註：One egg is an oeuf，oeuf 是蛋的法文，an oeuf 是 enough 的諧音），盧克。」而且，正如我們的母親可能會補充「你不要卡蛋了（譯註：別吃太快，egg bound，母雞生蛋時蛋卡住下不來）。」但劇中的盧克真的吃完了最後一個蛋，紐曼的演技也因此獲得奧斯卡提名。

儘管他的成就包括 50 年來每 10 年都會獲得奧斯卡提名（其中《金錢本色》獲獎）、非凡的慈善事業工作而獲得的「珍·赫蕭特人道精神獎」（Jean Hersholt Humanitarian Award），以及他自己的一系列「紐曼私傳」（Newman's Own）調味醬，這些調味醬的獲利會 100% 捐獻出來。我們認為《鐵窗喋血》中的雞蛋場景是相當硬核的演技，剛好可以引導到了這款雞蛋飲料中。

菲麗普（flip）是一種飲料風格，如果你遵照以下作法的話，還可方便地與你選擇的烈酒互換。

## FLIP COCKTAIL

*60ml 白蘭地、威士忌、琴酒、蘭姆酒等均可 | 15ml 糖漿 | 1 顆雞蛋 | 冰塊*

- 將所有材料（除冰塊外）放入雞尾酒搖酒器中搖勻，讓蛋液蓬鬆，然後加入冰塊，再次搖勻，接著濾入馬丁尼杯或寬口杯中。

# SEP 27 | 機車一號成為第一部客運列車（一八二五年）

## 最後列車燕麥司陶特黑啤酒，四純釀酒公司
## LAST TRAIN OATMEAL STOUT

1825 年，喬治‧史蒂文生（George Stephenson）的「機車一號」（Locomotion No. 1），在英格蘭東北部的公共鐵路線斯托克頓和達靈頓鐵路上，搭載了第一批乘客，他們從希爾登（Shirdon）前往斯托克頓（Stockton）。現在你仍然可以從希爾登搭火車到斯托克頓，但你必須在索納比（Thornaby）換乘，所以預計行程大約需要 1 小時 10 分，非尖峰時段的單人票價為 6.4 英鎊。

## SEP 28 │ 發現青黴素（一九二八年）
│ 「盤尼西林」雞尾酒 PENICILLIN

在你我體內發現的真菌，似乎不太可能為我們贏得諾貝爾獎。然而對於穿著白袍的科學家，也是諾貝爾獎得主的亞歷山大‧佛萊明（Alexander Fleming）來說，情況並非如此。他便是在清理骯髒的實驗室時，意外發現了青黴素，這也告訴我們永遠不該把東西丟掉。

調酒師山姆‧羅斯（Sam Ross）調製的這款雞尾酒，並不像同名的蘇格蘭抗生素那樣的具有革命性，但這款美麗的泥煤蘇格蘭威士忌調酒被譽為「現代經典」，我們有稍微調整一下。

---

### PENICILLIN

*60ml 調合威士忌（blended Scotch）| 20ml 檸檬汁 | 20ml 蜂蜜生薑糖漿（後面附做法）| 冰塊 | 5ml 艾雷島單一麥芽威士忌（如果你喜歡艾雷島麥芽威士忌，可以加雙份）*

‧ 將調合威士忌、檸檬汁和糖漿放入雞尾酒調酒器中，加冰塊搖勻，然後濾入裝滿冰塊的玻璃杯中，上面注滿艾雷島威士忌即可享用。

---

蜂蜜生薑糖漿作法：將 100g 新鮮生薑去皮切成薄片，再將 240ml 流動的蜂蜜和 240ml 水，一起放入平底鍋中，以中火加熱至煮沸，然後將火調至小火，再煮 5 分鐘。接著放置冷卻後濾入瓶中。在冰箱最多可保存兩週。

## SEP 29 | 洛克斐勒成為世界上第一位億萬富翁
### （一九一六年）

億萬富翁 BILLIONAIRE

美國石油大亨洛克斐勒創立了標準石油公司（Standard Oil Company），並於 1916 年被宣佈成為世界上第一位億萬富翁。他後來轉向慈善事業，捐贈了五億美元，這當然很好，但他不喝酒，這點就不太符合常理（與這本書的主題）。不論如何，這款飲料是由紐約一家名為「員工專用」（Employees Only）的雞尾酒吧所調製。

---

### BILLIONAIRE

*60ml 波本威士忌 | 30ml 檸檬汁 | 15ml 石榴糖漿 | 15ml 糖漿 | 7.5ml 苦艾酒 | 冰塊 | 檸檬片，裝飾用*

- 將雞尾酒調酒器中的所有材料（裝飾物除外）與冰塊一起搖勻，然後濾入冰鎮的雞尾酒杯中，再用檸檬片裝飾。

---

## SEP 30 | 《歡樂酒店》首播（一九八二年）
### 山繆・亞當斯波士頓拉格啤酒
SAMUEL ADAMS BOSTON LAGER

在 1982 至 1993 年播出的《歡樂酒店》（Cheers）中，我們最喜歡的角色便是諾姆彼得森（Norm Peterson），他就像是 80 年代美國放縱行為下的酗酒解毒劑。

諾姆是面無表情的冷面笑匠，對美國拉格啤酒有著深厚的熱愛，他跟倒霉的調酒師伍迪一起，催生出情境喜劇史上一些最精彩的台詞。

伍迪：要幫你倒一杯嗎，彼得森先生？

諾姆：有點早，伍迪？

伍迪：喝啤酒太早了嗎？

諾姆：不，是愚蠢的問題太早了。（譯註：彼得森就是進來喝啤酒的）

對白來自《歡樂酒店》第 6 季第 18 集，由大衛勞埃德編劇，格倫・查爾斯、萊斯・查爾斯和詹姆斯・布羅斯製作。

## OCT 1 | 亞歷山大大帝在高加米拉戰役擊敗波斯大流士三世（西元前三三一年）

### 蘭姆亞歷山大雞尾酒 RUM ALEXANDER

亞歷山大大帝出生於西元前四世紀的馬其頓，這是當時世界上酗酒最嚴重的國家，他也剛好出生在野蠻的酒神節慶典中。亞歷山大是位豪飲者，但他也是個經常爛醉如泥的人。西元前 328 年，亞歷山大喝了太多酒後，竟然用標槍刺穿了兒時好友黑克萊圖斯（Cleitus the Black）的心臟。

談到標槍，亞歷山大還在印度組織過一個飲酒奧運會。但印度人並沒有特別會喝酒，結果所有「運動員」都死了，留下了災難性的奧運憾事。

雖然酗酒，亞歷山大仍舊建立了一個範圍從希臘到印度，世界上最大的帝國。不僅如此，這位矮小又有癲癇症的雙性戀者，還向歐洲引入了一大堆異國情調的東西，包括棉花、十字架、香蕉、紅領綠鸚鵡，還有最重要的蘭姆酒。

亞歷山大在印度品嚐了糖基酒精後，便將甘蔗出口到歐洲，稱其為「無需蜜蜂即可產蜜的草」。因此，讓我們用亞歷山大白蘭地的甜蜜風味，慶祝他在波斯的這場史詩般的勝利。

---

### RUM ALEXANDER

*50ml 外交官精選珍藏蘭姆酒 | 20ml 巧克力利口酒 | 12.5ml 愛爾蘭奶油利口酒 | 25ml 低脂奶油 | 冰塊*

· 將所有材料在雞尾酒調酒器中加冰塊搖勻，然後濾入寬口杯中。

## OCT 2 《鬼店》上映（一九八〇年）

### 傑克丹尼威士忌 JACK DANIEL'S 🖼️

科羅拉多州的俯瞰酒店（Overlook Hotel）是史丹利・庫柏力克（Stanley Kubrick）的電影《鬼店》（The Shining）的虛構場景，在貓途鷹（Tripadvisor）旅遊網上的評價一定很糟。

因為這裡不僅曾發生過黑幫式的處決和多起謀殺案，前管理員德爾伯特・格雷迪（Delbert Grady）還用斧頭謀殺了自己的小女兒們，開槍射殺妻子並自殺，而且這裡有很老舊的浴室毛巾。

當傑克尼克遜飾演的傑克托倫斯接手當管理員時，情況並未改善。托倫斯是一位不易滿足的作家，因爲憤怒管理問題正在戒酒，他跟一位非常生氣的妻子和一個飽受折磨、會超自然通靈的兒子住在一起，兒子還被消防水管追到了走廊上。

傑克需要喝杯酒，這是可以理解的。於是他去了飯店酒吧，調酒師洛伊德幫他倒了一杯傑克丹尼威士忌加冰塊。然而洛伊德和酒吧都不是真實的，只是傑克的想像虛構出來的——這是一種存在於大腦患有嚴重精神失常者的想像。

在喝了幾杯酒並與前管理員格雷迪的鬼魂快速交談後，傑克拿著斧頭在酒店四周追趕他的家人。他們應該去「中心公園」（Center Parcs，知名親子度假村）才對。


## OCT 3 德國統一日

### 一杯德國啤酒 A GERMAN BEER 🖼️🍾

經過 40 多年痛苦分裂後，東德和西德終於在 1990 年統一，帶來全面的「high fünfs」（high five，擊掌）。

每年的慶祝活動都會聚焦在不同城市，由於德國啤酒飲用者始終忠於當地風格，因此等於你每年都可以更換不同的啤酒風格。

例如慕尼黑（Munich）有「淡色拉格」（helles）和「小麥啤酒」（weissbier），科隆（Cologne）有「科隆啤酒」（Kölsch，詳見 8 月 14 日），而杜塞道夫

（Düsseldorf）則有與科隆競爭激烈的對手「德式老啤酒」（Altbier）。然後是多特蒙德（Dortmunder）的「藍領啤酒」（blue-collar beer），柏林則有酸味的「柏林白啤酒」（Berliner Weisse，見 6 月 26 日）。

這是「香腸起司場合」呢（Wurst kaas scenario），吃根大香腸和一些起司吧。

## OCT 4 全國伏特加日（美國）

喝冰的波蘭雪樹伏特加

CHILLED SHOT OF BELVEDERE VODKA

「過去半個世紀最令人驚訝的三件事是藍調、立體主義和波蘭伏特加。」

—— 畢卡索

## OCT 5 《第凡內早餐》（一九六一年）

早餐馬丁尼 BREAKFAST MARTINI

奧黛麗赫本（Audrey Hepburn）飾演的荷莉・葛萊特利（Holly Golightly）一手拿著咖啡，另一隻手拿著丹麥麵包，平靜地凝視著裝滿珠寶的櫥窗，這一幕的表現超越了整部電影。

她最喜歡的飲料是「一半伏特加，一半琴酒，不加香艾酒」，不過我們建議你選擇倫敦蘭斯伯勒飯店的調酒師薩爾瓦托雷・卡拉布雷斯（Salvatore Calabrese）所調製的「早餐馬丁尼」。

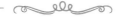

### Breakfast Martini

*45ml 琴酒 | 1 大匙柳橙果醬 | 10ml 白柑橘香甜酒 | 10ml 檸檬汁 | 冰塊*

- 將琴酒和果醬放入雞尾酒調酒器中混合均勻，加入白柑橘香甜酒和檸檬汁，然後加冰塊搖勻，濾入馬丁尼杯中。

# OCT 6 | 瘋帽子日

## 茶杯裡的瘋狂琴通寧 CRAZY GIN & TONIC IN A TEACUP 🔲

　　大約在 1980 年代中期，一群來自科羅拉多州波德市的電腦技客，決定在 10 月 6 日戴上滑稽的帽子來慶祝愚蠢的一天。真是一群瘋狂的人。

　　他們選擇的日期是來自《愛麗絲夢遊仙境》中，瘋帽客頭上所戴的獨特女帽上裝飾的「10/6」價格標籤。「mad as a Hatter」（跟帽匠一樣瘋）一詞源自十八世紀的女帽匠，他們在製作毛皮帽子時會接觸到過量的汞，因而引發了「丹柏瑞搖症」（Danbury Shakes），症狀包括言語不清、顫抖、幻覺和記憶力衰退…和記憶力衰退。

　　不論如何，如果你真的想加入的話，今天可以戴上一頂古怪的大禮帽，並用從印度拉西（Lassi，印度優格）蒸餾而成的瘋狂琴酒，為自己調製一杯琴通寧。當然，也可以裝在茶杯裡喝「瘋帽客愛喝茶」。


# OCT 7 | 百威百爺初次釀造（一八九五年）

## 百威百爺啤酒 BUDWEISER BUDVAR 🔲 🍾

　　捷克布傑約維採鎮（Budějovice）是百威啤酒的誕生地。在 15 世紀時，這裡擁有 44 家啤酒廠和波希米亞皇家宮廷啤酒廠，其生產的啤酒便被稱為「百威啤酒」，由於與皇室的關聯，也被稱為「國王啤酒」（Beer of Kings）。可惜的是，當地釀酒商未幫這個名字註冊商標。1845 年，美國釀酒商安海斯 - 布希（Anheuser-Busch）選擇「Budweiser」作為其新款黃色拉格啤酒的名稱，甚至還扭曲了原先高貴的意義與風味。

　　1895 年，布傑約維採啤酒廠（Budejovice Brewery）成立並開始出口百威百爺啤酒，激怒了密蘇里州的人們（美國百威）。一百多年來，經過無數次訴訟，兩家啤酒廠仍在為百威品牌名稱爭論不已。

　　聰明的律師可能會辯稱是安海斯 - 布希公司的啤酒先註冊了商標，但沒有任

何法庭被說服他們的味道比較好。布傑約維採忠於釀造傳統，在開放式容器中和寒冷條件下發酵三個月，比美國同行的發酵時間長得多。

## OCT 8 | 美國第一個微波爐專利（一九四五年）
### 一罐冷拉格啤酒配點爆米花 LAGER

微波爐是波西·史賓塞（Percy Spencer）偶然間發明的，他本來是一位身穿白袍的研究員，專門研究「磁控管」（magnetron）之類的東西。

當史賓塞站在雷達裝置附近時，在他口袋裡的一塊巧克力融化了，這點讓他想到未來是否可以發明一種設備，用來幫那些爛酒吧加熱食物。

20 年後，就在 1945 年，一家更常製造飛彈的美國公司，為史賓塞的微波烹飪過程申請專利，並首次使用爆米花進行實驗。史賓塞稍後也嘗試用微波爐加熱雞蛋，但雞蛋在一名可憐的技術人員眼前炸開，他沒有受傷，但有點驚恐。

## OCT 9 | 賈克·大地的生日（一九〇八年）
### 布列塔尼蘋果酒 BRETON CIDER

要來點開心的事嗎？是否渴望更簡單、更直接、更復古的感受呢？那就觀看「于洛先生的假期」（Les vacances de Monsieur Hulot.），這是一部 1953 年的經典法國喜劇，嘲笑人們在讓自己享受度假時的頑強決心。

故事背景發生在布列塔尼，也就是一些可愛蘋果酒的故鄉，主角是一個笨拙的小丑，戴著標誌性的垂帽、穿雨衣、抽煙斗、穿著踝部搖擺的寬鬆褲子，帶了把雨傘。他用一連串容易出事的滑稽動作，擾亂了整個度假村。

這部影片的編劇和主演賈克·大地（Jacques Tati）擅長使用鬧劇和諷刺的手法，嘲笑現代性的危險和日常生活裡的苦差事等。

賈克曾經說過：「每個人都很悲傷，」這句話可能是在喝「高盧啤酒」

（Gauloises）時說的。「街上不再有人吹口哨。所以我所訴說的是在一個越來越非人性化的宇宙中，個體的生存情境。」

## OCT 10 | 《第七號情報員》上映（一九六二年）
### 伏特加馬丁尼 VODKA MARTINI 🎬🍾🥃🍸🥂

《第七號情報員》（Dr. No 是 007 小說系列改編成電影的第一部，但非第一部小說）的第一個場景便是詹姆士龐德喝著他的招牌伏特加馬丁尼。電影中他共喝了兩杯馬丁尼，都是半乾的（medium dry，中等甜度），搖勻而不攪拌，一杯加了萊姆片裝飾，另一杯則加檸檬片裝飾——而且兩者都是用「思美洛伏特加」（Smirnoff）調製的，這也是龐德電影各種置入式廣告中的開山鼻祖。

「搖勻而不攪拌」（shaken not stirred）這句話在目前為止所有上映的龐德電影中，出現了大約 20 次。雖然大部分調酒師都會嘲笑龐德的這種偏好，但這種「搖勻而不攪拌」相當適合這位情報員，可以讓他有更多時間背著噴射背包閒逛，或用他的方式來哄騙女人。

龐德不僅很挑剔他的馬丁尼調製方式，而且對盛裝馬丁尼的酒杯也非常挑剔。事實上，龐德還對眼鏡非常著迷，從情報局退休後，他在倫敦南部開了一家眼鏡店，店名為「四眼田雞專用」（For Four Eyes Only。譯註：謔仿了 007 電影《最高機密》的英文片名 For Your Eyes Only）。

## VODKA MARTINI

*60ml 思美洛伏特加（Smirnoff vodka）| 15ml 乾香艾酒 | 冰塊 | 檸檬片或橄欖，裝飾用*

・將伏特加和香艾酒放入調酒攪拌杯中，加入冰塊攪拌，然後濾入馬丁尼杯中，再用橄欖或檸檬片裝飾。

# 季中節（Meditrinalia）

## 巴羅洛葡萄酒 BAROLO WINE 🖼🍾🍷

今天，我們要復興「季中節」，這是一個被遺忘已久的羅馬節日，用意在慶祝葡萄收穫的結束。活動包括喝新酒與舊酒的混合酒，以紀念朱比特神（Jupiter，羅馬神話中的眾神之王，地位相當於希臘諸神裡的宙斯）。朱比特的兒子是酒神巴克斯（Bacchus），一位胖胖的、愛惡作劇的酒神，他給了我們「酒神節」（Bacchanalia）。

不過，巴克斯的誕生有點不尋常。他最初是在朱比特與人類塞墨勒（Semele，譯註：底比斯公主）發生關係時懷上的。神與人結合而懷孕，這就已經很不尋常了，更奇怪的是，當朱比特不小心暴露自己是神時──她竟開始燃燒了（譯註：被神的光芒燒成灰燼）。嗯，我們都經歷過這種事。

朱比特拯救了尚未成長的胚胎（巴克斯），把他縫進大腿裡，嗯，這也是任何父親都會做的事。過了 9 個月後，巴克斯出生了──就是這樣的事件，讓我們每年都要慶祝修剪葡萄樹的結束？

故事的發展真的太精彩了。

# 西班牙國慶日

## 歐羅洛梭雪莉酒 OLOROSO SHERRY 🖼🍶

為了慶祝西班牙國慶日，我們為你寫了一首相當陳腔濫調的詩。不客氣。

*「生力啤酒」和便宜的「克魯斯康保啤酒」*
*「卡瓦」氣泡酒和紅葡萄酒*
*以及，別忘了「桑格麗亞」的瓶子*
*從巴塞隆納到哥多華，不分晝夜的喝里奧哈紅酒*
*搭配可愛的「西班牙海鮮飯」*
*當你按下響板時，使用超大的「西班牙可樂餅」塞滿你的臉*

*再喝來自木板小酒館的乾雪利酒，*

*一邊觀看「皇家馬德里」比賽*

*一邊舉杯向偉大的「熙德」（註：El Cid，西班牙民族英雄）致敬*

*再以六個小時的午睡作為結束*


*San Miguel and cheap Cruz Campo, Cava wine and vino tinto*

*And don't forget the jugs of San-gri-ah*

*From Barcelona to Cordoba, drink rioja around the clock-a*

*And pair it all with lovely paella*

*As you click your castanets, stuff your face with big croquettes*

*And drink dry sherry from a wooden bodega*

*Salute the great El Cid while watching Real Madrid*

*And finish with a six-hour siesta.*


# OCT 13 | 萊尼・布魯斯的生日（一九二五年）

## 吸 X 牛仔雞尾酒 C\*CK-SUCKING COWBOY

　　萊尼・布魯斯（Lenny Bruce）是一位諷刺性的革命者，他的自由、流暢的 60 年代單口喜劇，抨擊了越戰、種族主義、審查制度、宗教組織以及任何讓他感到憤怒的歧視偏見。

　　「我不是喜劇演員，我也沒病，」他曾經用他那濃重的紐約猶太口音說「這個世界病了，我就是醫生，一位外科醫生，拿著手術刀來切除錯誤的價值觀。」

　　布魯斯把嚴肅的社會評論帶入單口喜劇的藝術中，但他的日常表演確實經常會出現非常粗魯的言語，他也多次因淫穢的指控而被逮捕。

　　第一次被捕是 1961 年在舊金山，因為他說了「c\*\*ksucker」（吸 X 的）。然而導致他面臨一場高調的淫穢審判和 4 個月監禁的粗魯言語，則是他說了「與雞發生性關係」之類的笑話。

由於被禁止表演，布魯斯變得越來越沮喪，年僅 40 歲就因服用過量嗎啡致死。目前他仍然是唯一一位因言論而入獄的美國喜劇演員，但當他在 2003 年被追赦時，已經影響了後代的所有單口喜劇演員，包括李察·普瑞爾（Richard Pryor）、比爾·希克斯（Bill Hicks）和傑瑞·史菲德（Jerry Seinfeld），讓我們在今天向他舉杯致敬。

### C*CK-SUCKING COWBOY

*15ml 奶油糖利口酒（butterscotch schnapps）| 30ml 貝禮詩奶酒（Baileys Irish Cream）*

· 將兩種材料分層倒入一口杯中享用。

## OCT 14 | 《功夫》電視劇首播（一九七二年）
「綠色蚱蜢」雞尾酒 GRASSHOPPER

還記得在學校操場上，被一個大男孩用一種不帶種族歧視的中國口音，一邊背誦道家格言，一邊用空手道砍你嗎？我們記得。

這一切都歸功於《功夫》，一部經典的武俠動作電視劇，它弘揚了古代道家哲學，激發了東方武術的流行。大衛卡拉丁（David Carradine）飾演少林大師甘貴祥（Kwai Chang Caine），踏上美國西部冒險之旅，尋找失散已久的同父異母兄弟。

他的老師是一位失明的老師父，名為阿波師父，阿波師父叫他的徒弟「蚱蜢」。因此，來一杯經典的同名薄荷雞尾酒，它會幫你兌現古老的道教教義：「少私寡慾、絕學無憂。」[*]

[*] 譯按：原文 Stop thinking and end your problems. 應是引自道德經的白話譯文。

### GRASSHOPPER

*25ml 薄荷甜酒 | 25ml 可可香甜酒（crème de cacao）| 25ml 低脂奶油 | 冰塊*
· 將所有材料在雞尾酒調酒器中加冰塊搖勻，然後濾入寬口杯中。

## OCT 15 乳房健康日
八短陳龍舌蘭酒 OCHO REPOSADO TEQUILA ⊡

乳癌是全世界女性最常見的癌症原因，因此定期檢查自己「襯衫裡的馬鈴薯」（shirt potatoes）相當重要。

阿茲特克的「龍舌蘭」（Agave）女神「瑪亞烏」（Mayahuel）是位精通乳房保養的女性，因為她有 400 個乳房，可以用龍舌蘭酒汁（pulque）同時餵養 400 位兒童，這裡的龍舌蘭酒汁指的是龍舌蘭植物發酵的酒精汁液，可以用來製作我們所知的龍舌蘭酒。

瑪亞烏女神在與藥神進行了一場不太明智的愛情冒險之後，她的後代帕特卡特爾（Patecatl）由於某種原因變成了各種兔子，每隻兔子都代表著不同形式的中毒——這就是為什麼人們說喝龍舌蘭酒就像是把兔子放在你胸部上的感覺。

不論如何，龍舌蘭酒雖然可能帶來衝擊感，但我們喜歡——尤其是 100% 龍舌蘭酒汁龍舌蘭酒，例如「八短陳龍舌蘭酒」，這是一種在前美國威士忌酒桶中陳釀八週零八天，極其傳統的龍舌蘭酒。


## OCT 16 奧斯卡王爾德的生日（一八五四年）
綠精靈 GREEN FAIRY ⊡🍾🍷🍸

為文學中最有智慧的人物之一舉杯，記得要裝上一些王爾德的「綠色仙女」（Green Fairy，艾碧斯、即苦艾酒）液體。

苦艾酒的顏色近似綠色康乃馨，這種花因王爾德將其佩戴在領子上作為同性戀的象徵而聞名。「苦艾酒有一種美妙的顏色，綠色，」王爾德寫道。「一杯苦艾酒和世上的任何東西一樣都富有詩意。例如一杯苦艾酒和一場日落有什麼差別呢？」

## OCT 17 | 埃維爾・克尼維爾的生日（一九三八年）
一杯野火雞波本威士忌

## A SHOT OF WILD TURKEY BOURBON

埃維爾・克尼維爾（Evel Knievel）在冒險生涯的 300 多次玩命跳躍中,幾乎摔斷了全身的每一根骨頭,並且在醫院住過三年。

克尼維爾成功完成過幾百次跳躍,但他的大部分最知名的壯舉,卻都以墜落告終。1968 年,他身上穿著招牌的紅、白、藍連身褲,飛越拉斯維加斯凱撒宮酒店的噴泉後,誤判了著陸點,導致頭骨、臀部、骨盆和肋骨骨折,整整昏迷了一個月。

當他復原之後,他又繼續跳躍、墜落,也變得更富有、更出名。1974 年,美國人打開電視看他能否騎著火箭動力摩托車,飛越愛德華州的蛇河峽谷。他失敗了,不得不用降落傘跳生,還摔斷鼻子。

一年之後,九萬人湧入溫布利體育場,想親眼目睹克尼維爾跳過 13 輛巴士來贏得一百萬美元,結果他又摔車而導致骨盆骨折。他說:「任何人都可以跳過摩托車,但當你試圖著陸時,麻煩就開始了。」

在反抗萬有引力定律之前,克尼維爾通常會喝一小口「野火雞波本威士忌」（Wild Turkey）,這是他藏在一根空心手杖中的酒。他最廣為人知的調酒是把啤酒和番茄汁混合,創造出他最喜歡的飲料「蒙大拿瑪麗」（Montana Mary）——這種組合聽起來比跳躍本身更危險。

克尼維爾去世時,享年 69 歲,好萊塢演員馬修麥康納（Matthew Mc Conaughey）在他的葬禮上致謁悼詞:「他現在永遠在飛行中,不必飛下來,因

為他不需要著陸了。」這可能是件好事。

## OCT 18 | 全國領結日
### 花園啤酒廠皮爾森啤酒 GARDEN BREWERY PILSNER 🔖🍾

現代人的負擔是真實的。每天早上,在又要開始一個乏味的、在「那個人」(上司)的拇指下蠕動的乏味苦工之前,我們都會絕望地把頭放進布套索(也稱為領帶)裡。

其實這要歸咎給 17 世紀的克羅埃西亞士兵,因為他們在為路易十四的法國軍隊作戰時,脖子上繫著鬆垮的蕾絲邊亞麻領帶。而法國人總是喜歡時髦公子,即使在戰鬥中也是,所以他們把這種領帶命名為「Cravat」,這是把高盧「Gallic」音譯拼錯了的謬誤。

然而我們為什麼要打領帶?人類學家認為領帶末端的箭頭狀形狀,是為了偷偷地將人們的注意力向下引導到生殖器上。當然也有人認為是為了掩飾衣服上難看的鈕釦。

無論原因為何,都可以用來自薩格勒布(Zagreb,克羅埃西亞)一家很酷的精釀啤酒廠所生產的皮爾森啤酒來套住你的脖子。

## OCT 19 | 美國對古巴出口禁運(一九六〇年)
### 自由古巴(百加得加可樂)BACARDÍ AND COKE 🔖

在 1862 年以前,也就是法昆多·百加得(Facundo Bacardí)開始在古巴聖地牙哥釀酒之前,蘭姆酒就像是老水手那樣粗俗低劣的酒。但來自西班牙的移民百加得,成功的讓這種烈酒變得更加精緻,讓酒體變得更輕盈、更容易飲用並具有經典的古巴風味,因而讓哈瓦那贏得了加勒比海派對之都的聲譽。在禁酒令期間,口渴的美國人快把古巴的酒喝光了。

百加得家族積極支持古巴獨立，在 1950 年代支持斐代爾‧卡斯楚（Fidel Castro），對抗美國支持的獨裁者富爾亨西奧‧巴蒂斯塔（Fulgencio Batista），甚至幫他們購買和提供武器。

但在卡斯楚成功掌權後，卻沒收了他們的所有資產，並將百加得家族趕出古巴。幸運的是，由於當時對巴蒂斯塔政權不信任，所以百加得早已在古巴境外建立了一系列獨立事業。

這些獨立事業讓百加得成為全世界家喻戶曉的名字——當然，除了古巴之外，也就是「哈瓦那俱樂部」（Havana Club）宣稱的這裡才擁有真正的古巴蘭姆酒。他們最初是由阿恰巴拉（Arechabala）家族於 1930 年代生產，但在他們也被流放後，哈瓦那俱樂部於 1959 年被收歸國有。這兩種蘭姆酒之間的激烈競爭已經持續了幾十年，並在 1990 年代中期，當古巴政府與酒類巨頭保樂力加（Pernod Ricard）集團聯手後越演越烈，保樂力加集團讓哈瓦那俱樂部躍上全球舞台。

一年後，阿恰巴拉家族將哈瓦那俱樂部的配方和生產技術，傳給了百加得家族，現在他們在波多黎各生產自己的哈瓦那俱樂部。

自從卡斯楚去世和 1960 年美國與古巴禁運解凍以來，百加得重返古巴的可能性，一直在兩家蘭姆酒廠之間日益激烈的法律鬥爭中討論著。

我們的法律團隊強烈建議我們不要淌這趟混水。

## OCT 20 | 伊莉莎白二世女王為雪梨歌劇院揭幕
（一九七三年）

艾爾啤酒 PACIFIC ALE，四松太平洋公司（雪梨）

雪梨歌劇院由丹麥建築師約恩‧烏松（Jørn Utzon）設計，是澳洲最著名的地標。

它利用直接從下面的港口抽取的海水來調節溫度，因為雪梨交響樂團駐地時，溫度必須維持在攝氏 22.5 度，以防止樂器受到濕度影響。雖然我們可以在這裡提到濕的丁字褲……但我們沒那麼低級。

## OCT 21 | 海軍上將霍雷肖·納爾遜勳爵逝世（一八〇五年）

納爾遜之血 2 號 NELSON'S BLOOD NO.2

海軍上將霍雷肖·納爾遜勳爵，應該不會滿足於擁有一個巨大的紀念碑，至今成為鳥類聚集休息的地方，因為當年在特拉法加海戰中，他曾狠狠地打敗拿破崙的法國海軍而聞名。

納爾遜勳爵是一位在海軍學院接受過訓練的高超指揮官（他在那裡還學會了肚皮舞），他使用狡猾的戰術擊敗法國人（擊沉戰艦數 22：0），但他也不幸被法國火槍手射殺身亡。

他的屍體被暫時保存在一桶蘭姆酒中。然而在返航途中，崇拜他的船員們把這桶蘭姆酒都喝光了——這就是為何蘭姆酒在海軍術語裡稱為「納爾遜之血」（Nelson's Blood）的由來。「普塞爾蘭姆酒」（Pusser's Rum）是這種海軍蘭姆酒口糧的忠實複製品，前面提過最後一次發放是在 1970 年的「停止供應蘭姆酒日」（Black Tot Day，詳見 7 月 31 日）。

### NELSON'S BLOOD NO.2

*45ml 普塞爾海軍蘭姆酒（Pusser's Navy Rum）| 45ml 蔓越莓汁 | 20ml 萊姆汁 | 20ml 柳橙汁 | 10ml 糖漿 | 2 長滴安格仕苦精 | 冰塊 | 萊姆角片，裝飾用*

· 將所有原料（除了萊姆角片）在雞尾酒調酒器中加冰塊搖勻，然後濾入裝滿冰塊的高腳玻璃杯中，再用萊姆角片裝飾，可用來預防壞血病（scurvy，缺乏維生素 C）。

## OCT 22 | 愛迪生發明了商業上可行、持久耐用的燈泡（一八七九年）

卡利莫喬雞尾酒，同等份量的可樂和廉價紅酒 CALIMOCHO (EQUAL PARTS COLA AND CHEAP RED WINE)

愛迪生喝過「古柯酒」（Vin Mariani），這是一種紅酒和古柯葉的「藥用」混合液（詳見 12 月 17 日）。一般認為就是可口可樂的前身，每 100ml 裡含有 21mg 古柯鹼（cocaine，可卡因）。愛迪生喝它是為了可以在晚上保持清醒——這也就是他需要燈泡的原因。

不過，愛迪生也相信，每個人的大腦中都生活著十幾個左右的小人。他說當人死後，這些小人就會收拾行李，搬到別人的大腦中。

如果你吸食過多古柯鹼，就會發生這種情況…

## OCT 23 ｜ 匈牙利革命紀念日
### 托卡伊貴腐酒 TOKAJI WINE

匈牙利帶給我們魔術方塊、原子筆、湯尼·寇蒂斯（美國演員）、哈里·胡迪尼（魔術師）和唯一一部在 iPad 上制定的政治憲法。

這裡也是世界上第一個官方葡萄酒產區托卡伊（Tokaj）的所在地，該產區自五世紀以來一直生產「托卡伊貴腐酒」。它所提供的滑順甜味，在倒入玻璃杯中時，滑順的速度就好比鞋店店員幫你穿鞋的速度。

## OCT 24 ｜ 女子被一隻名叫「扳機」的狗誤殺
### （二〇一五年）
### 扳機淡艾爾啤酒 TRIGGER PALE ALE，步槍啤酒廠

當艾莉卡特（Allie Carter）在印第安納州獵水鳥時，暫時把獵槍放在地上。她的巧克力色拉布拉多犬踩到了槍，無意中射中她的腳。雪上加霜的是，這隻狗的名字就叫做「扳機」（Trigger）。

# OCT
# 25

## 阿金科特戰役（一四一五年）
### 巴瓦伊琥珀啤酒，泰利爾釀酒廠
### LA BAVAISIENNE AMBRÉE 🍺🍾🍷

　　阿金科特戰役（Battle of Agincourt）是兩個都處在危機之中的國王，相互之間的衝突。英王亨利五世的統治正受到騷動貴族的威脅，而法國的貴族們也在尋求推翻查理五世，後者顯然缺乏統治國家的能力。

　　亨利意識到沒有什麼會比對法國人進行適當攻伐，更能團結英格蘭了，於是他率軍前往法國進行一些「拳腳相向」的動作。他雖然贏得發生在阿佛勒爾（Harfleur）的第一場戰役，但他的一萬兩千名強大軍隊因受傷、死亡、逃兵和猖獗的痢疾而遭受重創。

　　英國人不僅生病、飢餓、虛弱，而且人數只有法國軍隊的六分之一，在阿金科特遭遇到一支充分養精蓄銳過的法國軍隊，法軍發誓要砍掉俘獲的每一個英國弓箭手手指。

　　在謹慎的開戰後，亨利把部隊調到皮卡第（Picardy）的泥沼地帶，令對手大吃一驚。當慌亂的法國人以騎兵為首進行反擊時，英格蘭的六千名速射弓箭手拉開長弓，輕鬆地解決掉這些對手，漫天箭雨、木槌、斧頭、刀劍等，將一萬法軍屠殺在泥濘中。

　　英國軍隊在這場完全出乎意料的客場勝利中，僅僅損失了 4 百名士兵，所以當亨利成為民族英雄回到倫敦後，他的王位宣告也正式合法了。

　　然而在確保諾曼第的控制權後，亨利繼續奪取法國王位的野心，卻因一場嚴重的傳染病事件而破滅，他死於 1422 年。

　　用這款出色的「窖藏啤酒」（Bière de Garde）向亨利致敬，這是一種法國北部鄉村地區，極其獨特的季節風格啤酒，距離阿金科特僅一「箭」之遙。

# OK 牧場槍戰（一八八一年）

## 老歐豪美國威士忌

OLD OVERHOLT AMERICAN WHISKEY 🖼

　　狂野西部最著名、激烈的槍戰，發生在邊境小鎮湯姆斯通（Tombstone，亦稱墓碑鎮）的兩派敵對人士之間。執法方有鎮警長懷亞特·厄普（Wyatt Earp）、他的兄弟摩根和維吉爾（Morgan、Virgil），以及他們的朋友霍利迪醫生（Doc Holliday），他是一名好賭且帶槍的牙醫。另一方則是兩對持槍的牛仔罪犯兄弟：麥克勞瑞兄弟（McLaury brothers）、艾克和比利·克蘭頓（Billy Clanton）。

　　雙方開始「牛頭不對馬嘴」（真的是牛肉的緣故）起衝突的原因是厄普夫婦指責麥克勞瑞夫婦偷走了馬和驢，並將它們當作「牛肉」賣給湯姆斯通鎮當地的屠夫（這種放寬的肉類標準在今天絕對不會被允許）。

　　當霍利迪醫生和比利·克蘭頓在當地酒吧打架時，假牛肉的爭議進一步加劇。混亂過後，克蘭頓發誓要把霍利迪的屁股擺在盤子裡（這也是當地屠夫會做的事）。

　　無論如何，在第二天早上，當地治安官試圖平息事件失敗後，兩派人馬在老金德斯利畜欄附近的空地上遭遇。

　　沒人知道是誰開了第一槍，但在一陣槍聲過後，隨著煙霧散去，三名男子（麥克勞瑞兄弟和比利·克蘭頓）死亡。雖然槍戰只持續了半分鐘，卻成為美國邊境民間傳說中的重要故事之一。正如我們會告訴妻子的：生命中一些最難忘的時刻，真的不必持續超過 30 秒啊。

　　讓我們用霍利迪醫生（Doc Holliday）最愛的威士忌向這個故事致敬，他在啜飲老歐豪（Old Overholt）酒臨終前留下的名言是：「這酒很有趣。」

　　（反正他沒機會看到這句話。）

## OCT 27 | 莉絲・麥特娜過世（一九六八年）

### 量子狀態社交啤酒，原子啤酒廠
### IPAQUANTUM STATE SESSION IPA

　　莉絲・麥特娜（Lise Meitner）發現了核分裂，直接導致了核能的出現，然而卻很少人聽過這位 20 世紀最偉大的物理學家之一。身為 1940 年代的猶太女性，麥特娜從歷史中被抹去，而且就像許多其他女科學家一樣，她的成就也被可恥地誤給了男性同事。

　　麥特娜於 1878 年出生於維也納，就讀柏林大學，她在那裡遇到了同僚物理學家奧托・哈恩（Otto Hahn）。由於女性無法進入大學的化學研究所，她只能在一個地下的舊木匠棚裡無薪工作，也無法取得正式的學術職位。

　　第一次世界大戰期間，麥特娜在奧地利軍隊前線擔任 X 光護士，隨後在 1920 到 30 年代，進行了極具開創性的全球核能研究。

　　1938 年，在她的猶太同胞愛因斯坦和歐文・薛丁格（Erwin Schrödinger）已經離開很久之後，麥特娜也被迫逃離納粹德國。她在 1939 年流亡到哥本哈根期間，取得了史詩般的突破，她根據愛因斯坦的 $E = mc^2$ 方程式，發現了如何分裂原子，並與以前的同事哈恩分享她的發現。但當哈恩由此發表論文時，卻隻字未提麥特娜，因為哈恩知道對於猶太裔科學家的任何認可，都可能結束他的職業生涯（他是德國人）。

　　當哈恩於 1944 年獲得諾貝爾化學獎時，他忽略不提麥特娜在發現核分裂方面的重要性。麥特娜在瑞典的簡陋研究設施中，度過最後的職業生涯。

　　親身經歷了第一次世界大戰期間衝突的罪惡後，她堅定地拒絕加入美國的原子彈項目，也對她的「創造」變成了邪惡的武器而感到震驚。

　　直到 1968 年去世時，她總計已經 48 次被提名諾貝爾獎，但從未獲得。

# OCT 28 「加林查」的生日（一九三三年）

## 卡琵莉亞雞尾酒 CAIPIRINHA

如果說比利（Pelé）是巴西最著名的足球員，加林查（Garrincha）就是巴西最受歡迎的足球員。本名曼努爾·法蘭西斯科·多斯桑托斯（Manuel Francisco dos Santos）出生於 1933 年，出生時脊柱畸形，左腿比右腿短兩吋，不僅彎曲，而且還是向外側彎曲。他搖搖欲墜的走路方式和瘦削的身材就像隻小鳥一樣，因此他被取了「加林查（Garrincha）」這個綽號，意思是「鷦鷯」。

他是世界上最難預測、最令人激動不已的足球員之一，他是一位運球奇才，以殘酷折磨邊線後衛為樂。在身穿巴西隊金絲雀黃色球衣時，他一共踢進了 34 球，並贏得 1958 年和 1962 年兩屆世界盃冠軍。

然而，他的職業生涯就像許多有污點紀錄的足球天才一樣，被巴西人在場外的酒神式生活方式所毀。據說他在 14 歲時對著一隻山羊失去童貞後，便常彎曲著他的腿，以致年紀輕輕就生了 14 個孩子，還跟迷人的巴西歌舞女郎發生過多次風流韻事。

他當然也愛喝酒，要說有問題的話，就是他喝太多了。他甚至曾經在一次酒駕車禍中，悲慘地造成岳母死亡。他常在早餐時喝卡夏莎酒（cachaça，一種巴西甘蔗蘭姆酒）。

來喝點以卡夏莎酒為原料的巴西「卡琵莉亞」雞尾酒吧，其發音為「卡 - 琵 - 莉 - 亞」（ky-per-rean-yah）。

## CAIPIRINHA

*60ml 卡夏莎酒 | 15ml 糖漿 | 一顆萊姆，切片 | 冰塊*

· 將萊姆放入堅固的威士忌杯中攪拌均勻，提取油和汁液。接著將卡莎薩酒和糖漿一起倒入杯中，然後加入碎冰攪拌。

## OCT 29 | 共和國日（土耳其）
艾菲仕皮爾森啤酒 EFES PILSNER 📷🍾

　　土耳其有很多值得喜歡的地方：浴室、令人心臟病發作的咖啡、末端捲起來的涼鞋，還有世界上最古老的酒吧。

　　哥貝克力石陣（Göbekli Tepe）是個考古遺址，被認為是世界上最古老的建築，建於輪子發明之前。它已有一萬兩千多年的歷史，比巨石陣和埃及金字塔還早六千年。

　　考古專家最初認為它是蓋來作為寺廟的用途，但後來發現了一些含有發酵穀物痕跡的古代大缸，所以他們現在認為這些圓柱和柱子的集合體，很可能是最早的酒吧。

　　如果按照現代的標準，這將是個糟糕的酒吧：沒有屋頂，沒有廁所，沒有洋芋片，甚至沒有果汁機。但酒吧上方會有一個牌子，上面寫著：「哥貝克力石陣──我們可能沒有太多東西，但你仍然可以在土耳其找到我們。」

## OCT 30 | 叢林之戰（一九七四）
上勾拳琴酒 THE UPPERCUT 📷🍾🍷🍸

　　穆罕默德・阿里（Muhammad Ali）在拳擊生涯搖搖欲墜時，前往薩伊共和國（Zaire，現在的剛果民主共和國）與喬治・福爾曼（George Foreman）展開世紀對決。

　　1960 年代，30 多歲的阿里堅不可摧，在拒絕參加越戰而被長期禁賽後，他的身體已經開始處於「環鏽」（ring-rusty。譯註：拳擊手離開比賽太久，反應變得較為遲鈍）狀態了。於是 1971 年，他在職業生涯中第一次敗給了喬・佛雷澤（Joe Frazier），2 年後肯・諾頓（Ken Norton）也打碎了他的下巴。

　　與此同時，不敗的福爾曼在連續 40 場比賽中，除了三場以外，所有比賽都在第三回合之前就贏得勝利，也輕鬆擊敗曾經打敗過阿里的諾頓和佛雷澤，所以沒

人看好阿里有機會戰勝福爾曼對重量級冠軍頭銜的掌控。

　　然而一如既往，阿里在進入拳擊場之前，就已先在福爾曼的腦海中埋下種子，他刻意嘲笑他緩慢的風格並稱其為「木乃伊」。被薩伊人民譽為黑人人權英雄的阿里，也故意讓這個非洲主辦國對福爾曼產生敵意，無論福爾曼走到哪裡，煽動人群並讓他們高呼「阿里，博馬耶」（Ali, bomaye，阿里，殺了他）。

　　當第一回合比賽鈴聲響起時，福爾曼已經相當憤怒，而當阿里又以一連串令人惱怒的右拳打在他頭上時，他更是勃然大怒。

　　福爾曼憤怒地從板凳上跳出來進行第二回合比賽，卻發現阿里竟然退到繩索旁，邀請福爾曼來打他。考慮到福爾曼出拳的力道，這無疑是自殺策略，但阿里卻緊密防衛並時常抱住福爾曼，撐過這一回合比賽中，並在過程裡不斷嘲笑福爾曼。

　　在接下來的四回合中，越來越憤怒的福爾曼瘋狂對阿里的頭部和身體進行攻擊，但由於他的比賽從未超過第三回合，所以他的身體開始疲勞，每次出拳的力道也越來越弱。

　　第七回合，阿里的「繩索」策略奏效，福爾曼在心理上已經遭受了毀滅性的打擊，當福爾曼對著阿里的下巴揮出一記極重的上勾拳時，阿里竟輕輕地在他耳邊低語：「喬治，你的力氣只有這樣啊？」

　　在下一回合中，阿里用一記精準有力的右拳，擊倒了身心受創的福爾曼，奪回世界重量級冠軍，完成了體育史上最引人注目的一次逆轉勝。

## THE UPPERCUT

*50ml 起瓦士十二年威士忌（Chivas Regal 12）| 25ml 鳳梨汁 | 25ml 檸檬汁 | 冰塊 | 新鮮薄荷枝和鳳梨片，裝飾用*

・將威士忌和果汁倒入經典威士忌杯中，加入冰塊並攪拌，再用薄荷枝和鳳梨片裝飾。

## OCT 31

**萬聖節**

彭德爾女巫金色啤酒，摩爾豪斯啤酒廠

PENDLE WITCHES BREW 📧 🍾 🍷

今天不該在你家門口度過整個晚上，對著那些衣服破爛、愛惹麻煩的年輕人發糖果。我們建議你喝一杯這種可愛的蘭開斯特篝火色艾爾啤酒（Lancastrianbonfire-hued ale），來迎接陰沉寒冷的冬日，這種酒是以 1612 年一些被定罪絞死的女巫名字所命名。

# 11月
## NOVEMBER

### NOV 1 ｜ 海洋餅乾贏得「世紀比賽」（一九三八年）
七里龍舌蘭酒 SIETE LEGUAS TEQUILA

這是一個真實的「不被看好的一方」的故事。「海洋餅乾」（Seabiscuit）是一匹身材矮小、膝蓋瘦弱的馬，而「戰爭海軍上將」（War Admiral）則是一匹強大而敏捷的種馬，每個人都認為它可以旋風式的勝利。但儘管困難重重，海洋餅乾贏了，整個國家都瘋了，博彩公司賠到手軟。

海洋餅乾的名字並沒有被拿來替飲料命名，它比較適合作為海邊販賣的奶油夾心餅乾名稱，不過有一匹名叫「七里」（Siete Leguas。譯註：千里馬之意）的馬，名字就被當成了酒名，這個名字我們可以接受。

他的意思也可以翻譯為「七聯盟」（seven leagues），這匹強大的墨西哥戰馬載著龐丘・比亞（Pancho Villa）四處征戰，這位革命者會在作戰前，餵他的戰馬喝一口龍舌蘭酒。

如今，「七里龍舌蘭酒」是使用馱馬拉的塔霍納（tahona）所生產的，也就是一個巨大的火山石輪，用來在發酵和蒸餾汁液之前，滾動並壓碎烤過的龍舌蘭。「白龍舌蘭」（Blanco）是未經熟成的龍舌蘭酒，味道清新，帶有甜甜的龍舌蘭香氣，使其非常純淨，可以用在「湯米瑪格麗特」（Tommy's Margarita）等優質雞尾酒中。

### NOV 2 ｜ 瑪麗・安東妮的生日（一七五五年）
香檳酒 CHAMPAGNE

瑪麗・安東妮（Marie Antoinette，路易十六之妻）可能沒有真的說過要農民把蛋糕塞進肚子裡（譯註：據說有人勸諫她農民都沒飯吃了，她回答「叫他們吃蛋糕吧！」），所以香檳杯同樣不太可能是根據她胸部的輪廓所設計。

雖然當你把香檳倒進寬口杯時，可能會引起一陣竊笑，但請權衡其中的複雜性：哪個皇后會讓一個卑微的玻璃吹製者，把手靠近她的胸部？還有杯柄又是怎麼來的？

更能暴露這種對乳房巨大誤解的事實是，香檳杯在她即位前 50 年就出現了。停……請等一下！雖然這種說法也有缺陷，但並非沒有歷史典故的支持。

1787 年時，讓-雅克・拉格瑞尼（Jean-Jacques Lagrenée le Jeune，法國畫家）和路易-西蒙・博伊佐特（Louis-Simon Boizot，法國雕塑家）真正獲准進入瑪麗的閨房，隨後也設計出了一種「白瓷胸碗」（Bol Sein 或 Jatte tétons，字面意思便是「乳頭碗」）。瑪麗會在朗布依埃（Rambouillet）的乳酪廠，用這些瓷碗來享用美味飲品，所以這便是相關的連結。

還有一種說法是古希臘人用稱為馬斯托斯（Mastos）杯的弧面形狀容器來喝酒，這個字在希臘語中便是「乳房」之意，因為它們確實是基於乳房的形狀，底部甚至還有乳頭造型。

因此，雖然這位女王的歷史遺產，應該超越她的乳房形狀的杯子設計，但這個條目絕對不是在談跟酒有關的輕浮內容啊。

## NOV 3 ｜ 史普尼克二號發射（一九五七年）
### 聞屁屁狗狗啤酒，汪與啤酒酒廠
### BOTTOM SNIFFER DOG BEER

太空裡有狗嗎？聽你在吠。沒錯啊，我剛剛真的有學狗叫。

不過太空中也是真的有狗，因為在史普尼克一號（Sputnik 1）發射成功後，俄國人接著發射了史普尼克二號（Sputnik 2），一隻神奇的混種狗「萊卡」（Laika）就坐在控制台。

俄國人說萊卡非常開心，可以花幾天時間繞著地球運行，然而這只是宣傳。不幸的是，由於極端的溫度上升，她在飛行幾個小時後就去世了。

因此，如果你也有一隻勇敢的狗狗，今天就先把你的寵物擺在第一位，讓它喝一杯汪與啤酒酒廠（Woof & Brew）出品的「聞屁屁狗狗啤酒」，這是一種不含酒精、不含碳酸的飲料。這個名字指的是狗有非凡的嗅覺，比人類靈敏十萬倍，而且狗會聞屁股，因為這是狗打招呼的方式。由於狗狗的嗅覺超級靈敏，所以建議他們最好遠遠地打個招呼就好。

## NOV 4 ｜ 歐巴馬勝選進入白宮（二〇〇八年）

### 城市 312 小麥艾爾啤酒，鵝島酒廠
### 312 URBAN WHEAT ALE

來自芝加哥的歐巴馬總統將「鵝島」（Goose Island）酒廠的啤酒描述為「一種非常優質的啤酒」，並提到了對他們家的「城市 312 小麥艾爾啤酒」的熱愛。這款渾濁、未經過濾的啤酒，就像是對小麥風格的另一種成功的美式詮釋，他們所使用的美國卡斯卡德（Cascade）啤酒花的辛辣口感，帶有淡艾爾啤酒的風味。

## NOV 5 ｜ 英國煙火節（蓋·福克斯之夜）

### 小步雙倍乾酒花淡艾爾啤酒，三山啤酒廠
### SMALL STEPS DOUBLE DRY HOPPED PALE ALE

今晚，英國各地都會有男子把爆竹塞進屁股，試圖效仿蓋·福克斯（Guy Fawkes）的命運，一位因不良行為而被燒死的男子。

撇開這種藉由「他想從底部炸毀國會大廈結果失敗被燒死」的殘酷諷刺不談，值得一提的是這場火藥陰謀，事實上是在一家酒吧裡計畫的。羅伯特·蓋茨比（Robert Catesby）在北安普敦郡奧爾德舊驛站酒吧（Olde Coach House）門樓上方的一個房間裡，接待了這位同謀。

而總部同樣位於北安普敦郡的三山啤酒廠（Three Hills Brewing）所製作的這款「小步雙倍乾酒花淡艾爾啤酒」，剛好適合放在這裡，因為它被描述為「乾酒花果汁炸彈」（dry-hopped juice bomb）。此外，它是罐裝啤酒，所以適合在公園放煙火時帶去喝。

## NOV 6 | 伊卓瑞斯・艾巴被《時人》雜誌評選為「二〇一八年最性感男人」

**五分淡艾爾啤酒 FIVE POINTS PALE ALE，五分啤酒公司**

正如我們略過了世界小姐選美大會（4月19日）一樣，我們也不該在這裡引起人們的注意，因為這種票選是場把男性物化、鼓勵不切實際的外表目的、肌肉不滿足，並且讓每個人對於大喝品脫啤酒、一起吃洋芋片感到內疚的票選。「時人」（People）雜誌，振作一點啊！不過伊卓瑞斯・艾巴（Idris Elba）確實是一位出色的演員，他來自哈克尼（Hackney），所以我們選了附近啤酒廠的啤酒。

## NOV 7 | 佛拉德米爾・斯米爾諾夫的生日（一八七五年）

**思美洛夫 SMIRNOFF**

雖然佛拉德米爾・斯米爾諾夫（Vladimir Smirnov，後來改名 Smirnoff，以下簡稱佛拉德）已經無法與我們同在，但他曾經多次騙過死神。

佛拉德從父親皮托那裡繼承了蓬勃發展的伏特加生意，但在世界大戰、俄羅斯禁酒令和隨後的俄國革命，都削弱了他的烈酒王國，當布爾什維克黨在 1918 年瞄準資本主義豬玀時，佛拉德已經一貧如洗。更糟的是他被捕了，並被判處死刑。

但與標準的一次被多位士兵齊射的處決有所不同，佛拉德不可思議地面對過五次齊射，並且倖存下來。

第一次躲過的原因是他說服劊子手們，在走向射擊場時和他一起唱歌，士兵

們全神貫注於歌聲，因而走過了指定射擊區域。當他們意識到自己走過頭的時候，時間已經很晚了，他們也餓了，所以他們決定先回家。這首歌一定非常好聽。

隨後，佛拉德又經歷了一系列的模擬處決或推遲處決，最後終於被同情者救出，與妻子逃往土耳其。

佛拉德對自己的名字做了一點小小的變動，他去掉了「v」並添加幾個「f」，然後嘗試在土耳其銷售思美洛夫。他失敗了，畢竟土耳其人有拉克酒（raki，土耳其茴香酒）。所以他湊了足夠的錢，搬到了保加利亞。那裡雖然沒有拉基酒，但有萊吉亞酒（rakia，一種白蘭地），兩者非常相似。因此他再次失敗，搬到了波蘭，然而在波蘭賣伏特加的嘗試，有點像是「運煤到新堡」（bringing coal to Newcastle。譯註：比喻多此一舉），或者直接說是「運伏特加到波蘭」。

最後他在巴黎定居，雖然法國人喜歡裝腔作勢，但佛拉德堅持認為他的酒比紅酒釀得更好，這實在太過傲慢了。因此，法國人一樣說「不」，並當著他的面，關上了開放市場的大門。

到了 1930 年代初，佛拉德再次陷入貧困，而且瀕臨死亡，烏克蘭裔美國人魯道夫・昆內特（Rudolph Kunnett）出手援助，買下了他的名字（商標權），然後將伏特加帶到美國。在美國酒精公司休伯蘭（Heublein）的總裁約翰馬丁（John Martin）領導下，終於蓬勃發展，成為最大的酒類品牌之一。


## NOV 8 ｜ 希特勒發動啤酒館政變（一九二三年）

### 獅牌啤酒 LÖWENBRÄU 📖🍾🍷

希特勒是滴酒不沾的人。很明顯的，這並不是他最嚴重的罪行，但在貝格勒勞凱勒（Bürgerbräukeller）啤酒館發動政變時，他絕對是清醒的。也就是說：他是清醒地想出這個主意。因此，他並沒有當場對後來這些難以形容的暴行大放狂言，希特勒證明了如果你今天在酒吧裡沒有喝一品脫啤酒，而且腦中有個令人憎惡的想法——例如成為一名納粹分子的話，那就該喝杯酒，重新思考一下。

# 哈利‧胡迪尼越獄成功（一九○三年）

## 泰特利三號淡艾爾啤酒 TETLEY'S NO.3 PALE ALE BEER

1903 年，哈利‧胡迪尼（Harry Houdini）作客英國，他的特技奇觀之一就是從關押囚犯的奧利佛‧克倫威爾（Oliver Cromwell）軍事監獄逃脫。然而在 1911 年的表演時，他就沒那麼幸運了。當約書亞‧泰特利（Joshua Tetley）向這位逃脫藝術家發起挑戰，要求他把相當著名的「牛奶桶脫逃」改為使用泰特利啤酒桶時，他遇到了可怕的真菌。

當牛奶桶被裝滿時，胡迪尼偷偷使用了一個秘密空氣袋以便存活下來——但換成啤酒桶時，桶裡的發酵過程，意味著酵母會把二氧化碳排到任何縫隙中，擠壓他的空氣袋。而且桶裡充滿發酵氣體，有點像荷蘭鑄鐵鍋裡的狀態，胡迪尼開始驚慌，差點就昏倒了。

倖存下來的人，可能會喝一品脫泰特利啤酒壓壓驚，但胡迪尼碰巧是個滴酒不沾的人。也許就是因為他缺乏釀酒知識而導致他的錯誤。如果他常喝的是泰特利啤酒而非泰特利茶（譯註：同名伯爵茶品牌）的話，可能就會成功脫逃了。

# 威廉‧賀加斯的生日（一六九七年）

## 琴酒 GIN

威廉‧賀加斯（William Hogarth）1750 年代的《琴酒小巷》（Gin Lane）這幅印刷品，確實對琴酒產生了巨大影響。在這部作品中，吉內佛夫人（Madame Genever，或稱茱蒂絲‧德福爾，Judith Defour）佔據畫中主導地位，她眼睛睜得大大的，渾然不知自己的孩子正摔下琴酒店門口。在她身後遠處的棺材裡裝了另一名婦女，她的孩子一個在喝琴酒，另一個在一旁看著。畫的右側，一名婦女看似充滿關懷地擁抱著孩子，但實際上卻是給孩子餵食琴酒。右下角有個瘦成皮包骨的傢伙，可能已經死了，但他手上握著一個非常精美的琴酒馬丁尼杯，他的狗看起來很傷心，因為琴酒已經倒空了。還有一個看起來像古代嬉皮的小伙子，

顯然喝琴酒醉了，用矛刺了一個嬰兒。畫面中可見建築物倒塌，騷亂爆發，飢餓也隨之而來。整個倫敦沈浸在琴酒狂飲中，逐漸頹敗。

不過，我們雖然都同意孩子們偷喝琴酒絕對是壞消息，但賀加斯的諷刺畫卻有更深的含義。琴酒要為倫敦的衰敗承擔責任，雖然罪有應得，但如果倫敦人能「喝少，喝好」就沒問題了。霍加斯發現的是一種殘酷的貧困，這種貧困加劇大眾的酗酒。倫敦的快速城市化和空間不足，導致各種疾病迅速傳播，賣淫、失業和忽視兒童問題也司空見慣。社會面臨的壓力，絕對比琴酒的傷害程度來得更大。

# NOV 11 | 皮爾森歐克啤酒上市（一八四二年）

## 皮爾森・歐克 PILSNER URQUELL 🍷🍾

想像一下，現在是 1842 年。你是巴伐利亞啤酒釀造商約瑟夫・格羅爾（Josef Groll），你剛剛發明了皮爾森啤酒。你感到非常興奮，帶著你的新發明去與潛在投資者會面。

然而到目前為止，所有的啤酒都是深色的，看起來陰鬱沉悶，而且都是用白鑞酒杯（錫鉛銅合金）喝的。但在皮爾森鎮釀造的皮爾森啤酒，卻是世界上第一款金黃色的啤酒。它閃閃發光，閃耀光暈，並且像火焰般的閃爍，在透明玻璃器皿中翩翩起舞著。

投資者們都印象深刻。他們想喝這種酒；他們知道其他人也會想喝。但正當他們打算實踐這個計畫時，他們卻放棄了，為什麼？好吧，因為你還沒為這個發明申請專利，對嗎？這似乎很明顯是管理上的問題，但你已經失敗了，你這個傻瓜。一定要為發明申請專利，這是第一條規則，就算這項發明完全是垃圾（例如狗的尿布），也一樣要申請專利。

雖然現在看來很偉大，但皮爾森啤酒的發明人，確實沒有為他們的啤酒註冊商標。他們在 1899 年曾經嘗試申請，但在那個時候，馬已脫韁，所有有辦法釀造皮爾森啤酒的人，都在釀造皮爾森啤酒了。

一百多年來，皮爾森啤酒在世界各地釀造，並取得了不同程度的成功和各種

偷工減料。可悲的是，皮爾森啤酒已經變成一種被濫用的啤酒風格，甚至成為「平淡啤酒」的代名詞，與卓越的原創：皮爾森歐克啤酒相距不可以道里計。

## NOV 12 ｜ C.H. 米德爾頓的《在你的花園裡》（一九三六年）

秘密英式花園雞尾酒
SECRET ENGLISH GARDEN COCKTAIL

1936 年，C. H. 米德爾頓（C. H. Middleton）為轉播 BBC 第一個園藝節目，在亞歷山德拉宮（Alexandra Palace）的庭院裡照料著一個小花園。你知道嗎，積極從事園藝工作一小時，就可以消耗掉 200 至 500 大卡的熱量？所以，開始種花吧——然後你就值得擁有這杯調酒。

### SECRET ENGLISH GARDEN COCKTAIL

*2 片檸檬 | 2 片蘋果（盤狀）| 50ml 龐貝藍鑽英式莊園琴酒（Bombay Sapphire English Estate gin）| 25ml 濃稠蘋果汁 | 冰塊 | 75ml 薑汁汽水 | 檸檬百里香小枝，裝飾用*

· 將一片檸檬片和一片蘋果片放入高球杯底部，然後倒入琴酒和濃稠蘋果汁並輕輕按壓。接著在玻璃杯中加入冰塊，倒入薑汁汽水並輕輕攪拌。再用剩下的檸檬片、蘋果片和一枝檸檬百里香來裝飾。

## NOV 13 ｜ 第一批鳳梨罐頭從夏威夷抵達英國（一八九五年）

阿岡昆 ALGONQUIN

為了紀念這個重要的日子，我們要向你介紹一個關於鳳梨的事實：鳳梨是倒過來成熟的。不客氣。更重要的事實是，它們還代表著熱情好客。

在調酒業界中，你偶爾就會看到調酒師戴著鳳梨別針。1920 年代，紐約阿岡

昆（Algonquin）飯店老闆法蘭克・凱斯（Frank Case）便是如此，他還將這種熱情好客的態度，延伸到了桃樂西・派克（Dorothy Parker，美國作家）和「惡性循環」（Vicious Circle）俱樂部的文人會員身上，在每個午餐時間都為他們提供專屬餐桌、敬業的侍者和免費開胃小菜等。

---

## ALGONQUIN

*50ml 黑麥威士忌 | 25ml 鳳梨汁 | 25ml 香艾酒 | 2 長滴柑橘苦精 | 冰塊 |*
*鳳梨片，裝飾用*

- 將雞尾酒調酒器中的所有材料（裝飾物除外）與冰塊一起搖勻，然後濾入雞尾酒杯中，再用鳳梨裝飾。

---

## NOV 14 | 第一屆梅多克馬拉松（一九八五年）

### 梅多克葡萄酒 MÉDOC WINE

當寶拉・拉德克利夫（Paula Radcliffe）在馬拉松比賽中途停下來上大號時，情況雖然變得很有趣，但這也是必要的，因為馬拉松可能會對身體造成可怕傷害。

流鼻涕、抽筋和水泡都是常見的運動陷阱（顯然，緊急排便也是如此），但更令人擔憂的是，你的一對乳頭還會流血、腳趾甲也會變黑和脫落，以及由於椎間盤之間的液體流失，導致身體變短，外表的吸引力也會開始減弱。

因此，如果你像我們一樣，無法面對 42.195 公里的痛苦，但仍然渴望在社交媒體貼文上的大量「按讚」所帶來的多巴胺刺激時，請考慮參加「梅多克馬拉松」（Marathon du Médoc）。

該賽事於 1985 年 11 月首次舉辦，現在賽事辦在氣候溫暖的 9 月，地點則是在法國梅多克葡萄酒產區。馬拉松賽程雖然也是官方的 42.195 公里，但會邀請「跑者」跑在穿過葡萄園的路線上，沿途可以享受路邊的娛樂節目和美味佳餚（例如管弦樂隊以及第 38 公里吃牡蠣，第 39 公里吃牛排 .... 等）。你必須穿著服裝，也

必須喝酒，因為這場賽事的規定是喝完 23 種著名年份的葡萄酒。

## NOV 15 安奈林・貝文的生日（一八九七年）
### 潘迪恩威爾斯威士忌 PENDERYN WELSH WHISKY 🍷

在英國國民健保署（National Health Service，簡稱 NHS）創建之後，可以為所有人提供免費醫療服務，而且是根據需求而非財富來提供這些醫療服務，安奈林・貝文（Aneurin Bevan。譯註：國民健保署推手，因經費被刪憤而辭職）絕對值得來上一杯酒。由於他是威爾斯人，我們建議喝潘迪恩（Penderyn）的酒。

潘迪恩釀酒廠位於布雷肯比肯斯國家公園（Brecon Beacons National Park），此地有相當出色的木材成熟計劃，提供了多種釀酒木料的品種選擇。NHS 當然也同樣出色。

## NOV 16 《真善美》在百老匯上演（一九五九年）
### 奧地利烈酒 AUSTRIAN SCHNAPPS 🍷

在《真善美》劇中歌曲《我的最愛》（My Favourite Things）中，瑪麗亞（Maria，在 1965 年改編的電影中，由茱莉・安德魯絲飾演）把「小貓的鬍鬚」（whiskers on kittens）與「明亮的銅水壺」（bright copper kettles）和「溫暖的羊毛連指手套」（warm woollen mittens）三句歌詞押韻。其中，連指手套（Mittens）像是給笨蛋戴的厚手套（譯註：手指一起套上），銅壺（copper kettles）則在「奧地利烈酒」的生產過程中扮演重要角色。

有些烈酒可能很甜，也很便宜，但奧地利的精釀白蘭地是在鍋式蒸餾器中，只使用蘋果、杏子、可口的梨子和多汁的大李子等天然水果蒸餾而成。

# NOV 17 | 第一個電腦滑鼠取得專利（一九七〇年）

## 米奇大口啤酒 MICKEY'S BIG MOUTH 🖼🍾🍷

在著手創建互動式電腦系統以幫助人類的同時，道格·恩格爾巴特（Doug Engelbart）向世界介紹了文字處理、文件共享和超鏈接，並獲得了第一個電腦滑鼠的專利。

對我們來說，他的最高榮耀是「剪下和貼上」功能的引入，把這項功能與維基百科結合後，我們便得以寫出這本書。

米奇大口啤酒（譯註：整個拉環拉開的大瓶蓋啤酒）是米勒（Miller）釀造的麥芽酒（malt liquor。譯註：用來指稱酒精濃度超過 6% 的啤酒）。雖然今天的內容不算最難的條目，但要找到任何跟老鼠有關的酒，卻出乎意料地困難。

# NOV 18 | 綁匪釋放泰瑞·韋特（一九八六年）

## 拉莫斯琴費士雞尾酒 RAMOS GIN FIZZ 🖼🍾🍷🍸🥛

泰瑞·韋特（Terry Waite）在 1986 年的今天被釋放，他被扣押為人質共計 1736 天。這位人道主義者在被囚禁的大部分時間裡，都被銬在暖氣上，因此他可能已經知道，絕對沒有什麼會比製作「拉莫斯琴費士」雞尾酒酒更，更能讓血液快速湧入手腕的方法。

這種調酒是亨利·查爾斯·拉莫斯（Henry Charles Ramos）於 1888 年，在紐奧良的帝國內閣沙龍（Imperial Cabinet Saloon）構思出來的，而且在他的另一家雄鹿酒吧（The Stag）中，非常受到歡迎，以至於必須有 20 位調酒師，不斷調製這種雞尾酒來滿足需求，因為這種酒需要長時間的劇烈搖晃。

## RAMOS GIN FIZZ

> *60ml 琴酒 | 15ml 檸檬汁 | 15ml 萊姆汁 | 20ml 糖漿 | 25ml 低脂奶油 | 5ml 橙花水*
> *（orange flower water）| 1 個蛋白液 | 冰塊 | 蘇打水，注滿用 | 橙片或橙皮，裝飾用*
>
> ・ 在雞尾酒調酒器中用力搖勻前 7 種成分。加入冰塊再次用力搖晃後，倒入冰鎮
> 的高球杯中，然後將一點蘇打水倒入空搖酒器中，轉動手腕以收集餘酒，然後
> 倒在最上面，以提高酒的口感。最後用橙片或橙皮裝飾。

## NOV 19 | 太平洋邊的路易斯和克拉克營地（一八〇五年）
### 野格利口酒 JÄGERMEISTER

1804 至 06 年間，探險家梅里韋瑟・路易斯（Meriwether Lewis）和威廉・
克拉克（William Clark），繪製了從路易西安那州到太平洋海岸大片未知美洲的
地圖。而且，聽好了——他們帶了 130 桶威士忌，踏上了這趟史詩般的旅程。這
些酒被綁在馬車上，犧牲了其他重要物資的空間，因為他們知道這種酒可以帶來
堅忍與士氣。

他們當然得在探險途中忍受從瘧疾、痢疾到風濕病和凍傷等各種疾病，部分
原因是營養不良和缺乏合適的衣服，但他們總是喝威士忌來振作精神。

除了與各地原住民和平相遇並紀錄新物種之外，他們的日記還顯示在奧勒
岡州發現了一塊巨大的岩石，由於其形狀而被命名為「公雞岩」（Cock Rock，
cock 有男性生殖器之意），因為它看起來就像一根巨大的陰莖。

探險隊在 1805 年 11 月抵達太平洋，並在海邊紮營，這一天的日記裡記錄了
海浪和獵鹿的地點。因此，雖然他們可能是喝著美國威士忌並搭配剛殺死的新鮮
野味，但我們建議各位稍微繞過烈酒櫃，走到「野格利口酒」旁。

「Jägermeister」這個字在德語的意思是「高手獵人」，這款利口酒含有 56
種不同的藥草、根、水果和香料，最初在 1934 年上市時，是作為餐後舒緩胃部的
調理酒。它確實是一種非常複雜的創作，而且最好冷藏、不混其他東西直接飲用。

## NOV 20 | 天鵝絨革命第一次大規模示威（一九八九年）

黑色天鵝絨雞尾酒 BLACK VELVET

在 1989 年 11 月 17 日警察襲擊抗議者後，捷克的天鵝絨革命（Velvet Revolution 或稱 Gentle Revolution，溫和革命）開始了。整個國家沒有暴力相向，而是選擇了寬容。

商店關門，辦公室空無一人。旗幟揮舞著，溫和的口號響起。幾千位群眾每隔幾分鐘就搖晃鑰匙，模仿為共產黨政權敲響的鐘聲，雖然這種聲音一定非常惱人，但完全沒有人動怒。

到了 11 月 29 日，政府被迫結束一黨統治，大家幹得好！

為了向他們表示敬意，請品嚐一杯「黑色天鵝絨」，這是 1861 年阿爾伯特親王去世後，在倫敦布魯克斯紳士俱樂部（Brook's Club）所推出的黑色天鵝絨雞尾酒，當時的工作人員建議用這款全黑的香檳雞尾酒來表示哀悼。。

---

### BLACK VELVET

*100ml 健力士黑啤酒 | 香檳，注滿用*

· 將健力士黑啤酒倒入笛型香檳杯（Flute glass）中，慢慢倒入香檳並輕輕攪拌。

---

## NOV 21 | 《洛基》上映（一九七六年）

費城啤酒 PHILADELPHIA BEER

《洛基》（Rocky）的製作成本只有一百萬美元，票房收入卻高達 2 億 5 千萬美元，獲得奧斯卡大獎，並為後來七部續集提供了靈感。更重要的是，片中有酒吧場景。

當洛基試圖在「幸運七酒館」（Lucky Seven Tavern）喝啤酒時，被一個帶有種族歧視的酒吧老闆糾纏著，他認為世界冠軍克里德（Creed，黑人拳手）就像

個小丑。洛基當然被這位無知者激怒了，於是他憤怒地放下啤酒離開酒吧。離開時，他扔下了啤酒錢，因為他既不是種族主義者，也不是小偷。

洛基喝的啤酒是費城「施密特」（Schmidt's）啤酒，成立於 1860 年，到 1970 年代時，已成為這座城市不敗的重量級啤酒。當他們在 1987 年丟毛巾認輸關閉時，城市級釀酒廠已經完全沒落了。但從失敗的深淵中，費城啤酒終於以屢獲殊榮的精釀啤酒捲土重來，又走上成功的台階。

碼頭街啤酒廠（Dock Street Brewery）在這個領域處於領先地位，現已擁有 35 年歷史，他們生產的一系列拉格風味啤酒，仍能滿足喜愛「施密特」黃色氣泡啤酒的人。

## NOV 22 | 黑鬍子過世（一七一八年）
### 烈性蘭姆酒 STRONG RUM 🍷

惡名昭彰的海盜黑鬍子（Blackbeard）之所以被稱為黑鬍子，是因為他的鬍子是黑色的，真是個了不起的巧合。

除了擊沉船隻之外，這位劍客還擊沉（sink。譯註：可當喝掉）了大量的蘭姆酒。某些歷史學家（就是我們）發現黑鬍子是飲酒遊戲的發明者。他最喜歡的飲酒遊戲在甲板下的船員喝醉之後，吹熄蠟燭並隨意開槍。他真的就在黑暗中對這些喝醉的水手們開槍，如果擊中某人，就代表這位水手不值得信任。

然而，只經過兩年的公海詐騙後，黑鬍子就在 1718 年的這一天，為自己迎來黏膩的結局。英國海軍在北卡羅來納州海岸發動突襲，讓黑鬍子陷入困境。他雖然奮起反抗，但身中五槍，而且已經被 20 幾把彎刀刺穿過身體。

在他死後，他的頭被當成了一個潘趣酒碗，看起來相當酷。所以，如果你手邊有頭骨的話，今天就來點「烈性蘭姆酒」吧。

## NOV 23 《史努比狗狗的狗狗風格》發布（一九九三年）

「琴酒和果汁」雞尾酒 GIN AND JUICE

正如史努比狗狗（Snoop Dogg。譯註：美國饒舌歌手）在他的歌曲《琴酒和果汁》（Gin & Juice）中，很智慧的唱著今天是「在街上混、吸大麻、喝琴酒和果汁」的一天，他的好朋友 Dr. Dre 也加入這場與「坦奎麗」（Tanqueray）琴酒的競逐（「加上一根胖屁股大麻」）。因此，把場景考量進去的話，請選擇「倫敦乾坦奎麗」（London Dry Tanqueray），這是一款在 1830 年代就已經推出的優質經典琴酒。就像史努比狗狗一樣，是嘻哈界的先驅者。

### GIN AND JUICE

*60ml 坦奎麗琴酒 | 50ml 柳橙汁 | 50ml 葡萄柚汁 | 冰塊*

- 將琴酒和果汁倒入加冰塊的高球杯中攪拌，然後用大麻或女人之類的隨身物品裝飾吧（開玩笑的）。

## NOV 24 「發現」塔斯馬尼亞（一六四二年）

塔斯馬尼亞威士忌 TASMANIAN WHISKY

荷蘭人阿貝爾・塔斯曼（Abel Tasman）成為第一個抵達塔斯馬尼亞（Tasmania，澳洲最南端的島州）的歐洲人。雖然他聲稱這是「發現」，但那裡已經有一些土著了。後來的歐洲人，幾乎屠殺了所有當地原住民，真是混帳東西！

雖然歐洲人也引入了酒精，但他們後來卻禁止釀酒一百多年。老實說，這些歐洲人還能再混蛋一點嗎？

直到 1990 年代，比爾・拉克（Bill Lark）說服政府看清現實，才再次獲得了釀酒許可證。現在，他的拉克釀酒廠（Lark Distillery）以及老霍巴特（Old Hobart）和蘇利文灣（Sullivan's Cove）釀酒廠，都在生產享譽世界的威士忌。

## 《滾石》雜誌《拉斯維加斯的恐懼與厭惡》系列第二部（一九七一年）

### 皇家起瓦士 CHIVAS REGAL 🔲

杭特湯普森（Hunter S. Thompson）在他的經典小說《拉斯維加斯的恐懼與厭惡》（Fear & Loathing in Las Vegas，後改編為電影《賭城風情畫》）開篇，列出了一份漂亮的麻醉品清單，其中提到了大麻、麥斯卡林（mescaline，俗稱仙人掌毒鹼）到吸墨酸（blotter acid，即 LSD 迷幻藥）、古柯鹼、興奮劑、鎮靜劑、尖叫者甚至大笑者（screamers, laughers，譯註：均為毒品俗名）等各種毒品。

但請不用擔心，因為他的主角並沒有忘記酒精。在他後車箱裡有一夸脫（約一公升）龍舌蘭酒和蘭姆酒，還有一箱啤酒，因為作者湯普森喜歡喝酒。

作家生活中反覆出現的標準酒之一便是「皇家起瓦士」，一種名聞全球的調合威士忌。這款十二年陳釀酒是一種辛辣、甘甜、超級美味的烈酒，而且最好直飲——因為它的酒格相當挑剔，不適合與可樂混調。

## 第一個感恩節（一六二一年）

### 南瓜園艾爾啤酒 PUMPKIN PATCH ALE，羅格酒廠 🔲🍾🍷

1621 年時，清教徒們很高興地發現「新世界」（美國）有充足的南瓜供應，因此他們將南瓜添加到第一個感恩節食物的菜單中。

當然，南瓜並不能算是一種「發現」，因為南瓜是人類歷史上最古老的栽培食物之一，長期以來一直是原住民的農作物，歐洲人只是殺了原住民並竊取南瓜耕地而已。

不論如何，當這些歐洲人利用南瓜製作了餡餅之後，很快就想到了酒，因此將「冬南瓜」（winter squash。譯註：成熟的硬皮南瓜）多汁的果肉，發酵成一種初級酒。到了 18 世紀，南瓜啤酒已成為歐洲的標準啤酒之一。而且由於最近精釀啤酒廠紛紛進軍傳統啤酒風格，讓南瓜啤酒又開始流行起來。

羅格（Rogue）酒廠使用奧勒岡州獨立市羅格農場種植的南瓜，並用橙皮、肉桂、丁香、小荳蔻、香草、薑和肉荳蔻等香料調味而成南瓜園艾爾啤酒。

## NOV 27 安德斯・攝爾修斯的生日（一七○一年）
### 冰涼的湯米的瑪格麗特
#### FROZEN TOMMY'S MARGARITA

理想的雞尾酒溫度是 -2° C，如果沒有溫度計便很難精確測量，然而任何被發現把溫度計浸入我們酒中的調酒師，一定會被我們冷落。不過，如果你最近才有孩子的話，可能就會擁有一個奇特的數位設備，可以夾在嬰兒腋下測溫度，也許我們也可以將它用在雞尾酒上。

我們要感謝安德斯・攝爾修斯（Anders Celsius，攝氏的由來）所做的這些測量工作，他是一位聰明的瑞典白袍科學家，負責定義國際溫度標示。

如果在美國攪拌雞尾酒加冰塊時，你可能會更重視丹尼爾・華倫海特（Daniel Fahrenheit，華氏的由來）這個名字，而理想的雞尾酒溫度會更像是 28° F。這個數字就不是負數了，聽起來也沒那麼冷，為什麼不全部改用攝氏呢？

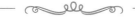

### FROZEN TOMMY'S MARGARITA

*60ml 白龍舌蘭酒（blanco tequila）| 30ml 萊姆汁 |*
*15ml 龍舌蘭糖漿 | 大把冰檸檬切片，裝飾用*

- 將所有材料（裝飾物除外）放入攪拌機中攪拌至滑順。倒入岩石杯中，再用檸檬片裝飾。

# 安妮邦尼的審判（一七二〇年）

## 巴哈馬媽媽雞尾酒 BAHAMA MAMA COCKTAIL

安妮・邦尼是歷史上最可怕的女海盜之一，與棉布・傑克（John Rackham）和瑪麗・里德（Mary Read）組成了可怕的海盜三巨頭。

但在 1720 年，當他們因為這些淘氣的海盜行為而被捕時，事情並無法一帆風順。當時他們從巴哈馬海盜共和國拿索（Nassau）出發時，大口喝著蘭姆酒，因此當海盜獵人喬納森・巴尼特（Jonathan Barnet）出現時，大家面面相覷。於是他逮捕他們，把這些壞血病惡棍們帶到了牙買加，他們很快就被判處吊刑。

棉布・傑克被絞死，但邦尼和里德兩位女海盜在透露自己已經懷孕後，都獲得了暫緩執行死刑。一般傳說是里德在獄中去世後，邦尼獲得了自由，後來還繼續生了 8 個邦尼寶寶。

就像所有最好聽的海盜故事一樣，安妮的越獄行為被加油添醋了一番——當然，我們的意思是，故事被加了很多虛構的內容。儘管如此，我們還是很高興，因為它是海盜故事編年史中令人著迷的補充，也讓我們能夠比主帆更平順地連結到要介紹的酒。

「巴哈馬媽媽」雞尾酒是由奧斯華「司萊德」格林司萊德（Oswald 'Slade' Greenslade）於 1961 年在拿索海灘飯店所調製。

## Bahama Mama Cocktail

*15ml 黑蘭姆酒（dark rum）| 15ml 高濃度蘭姆酒（overproof rum）|15ml 椰子利口酒（coconut liqueur）| 15ml 檸檬汁 |60ml 鳳梨汁 | 7.5ml 咖啡利口酒 | 冰塊 | 鳳梨角片，馬拉斯奇諾櫻桃（maraschino cherry）和薄荷葉，裝飾用*

- 將雞尾酒調酒器中的所有原料（裝飾物除外）與冰塊一起搖勻，濾入裝滿冰塊的提基杯（tiki mug）中，再用鳳梨角片、馬拉斯奇諾櫻桃和薄荷葉裝飾。

# 《乓》遊戲上市（一九七二年）
### BJ 的金髮女郎啤酒 BJ'S BREWHOUSE BLONDE

曾經有一段時間，書呆子們玩電子遊戲時並不使用類比搖桿，你也無法按組合技或搖擺搖桿，而且遊戲也沒有非同步或不對稱遊戲玩法的可能性。聽起來很瘋狂吧？我們不知道這意味著什麼，但我們確實記得《乓》（Pong。譯註：第一款熱門大型街機遊戲）。

雖然在面對目前的遊戲機時，《乓》看起來相當低階，但任何忠實的遊戲玩家都知道，《乓》一點都不低階——事實上，它值得最崇高的尊敬。它是由艾倫・奧爾康（Allan Alcorn）和雅達利（Atari）創始人諾蘭・布希內爾（Nolan Bushnell）合作搬上螢幕，也是第一款在商業上取得成功的電子遊戲，並協助建立了電子遊戲產業。

諾蘭・布希內爾也是「查克起司」（Chuck E. Cheese）餐廳的創辦人，這是一家擁有街機的家庭式披薩餐廳，是相當聰明的混搭概念。不過應該不會比 BJ's 管用，因為 BJ's 是一家把披薩與現場微釀啤酒相互結合的南加州餐廳。

其中最好的啤酒是「BJ 的金髮女郎啤酒」，這是一種德國科隆式啤酒，由於帶有一點麥芽和溫和的酒花，可以平衡苦味，因此是披薩的絕佳良伴。

# 溫斯頓邱吉爾的生日（一八七四年）
### 嘉士伯特釀啤酒 CARLSBERG SPECIAL BREW

無論你把邱吉爾視為民族英雄或好戰份子，不敬邱吉爾一杯是很愚蠢的。畢竟，贏得第二次世界大戰的並不是邱吉爾的戰時內閣，而是他庫存豐富的酒櫃。

邱吉爾非常喜歡香檳，他最喜歡的是「保羅傑」（Pol Roger）香檳（為了這些私人收藏，他所回報的便是讓法國恢復自由）。他每天都用一杯「約翰走路」來展開一天的生活，而且整個早上會不斷在杯中加水喝。他對於精緻而充滿異國情調的白蘭地，有著無法滿足的胃口，例如史達林送給他的「御鹿干邑白蘭地」

（Hine Cognac）和「亞美尼亞白蘭地」（Armenian brandy）。丹麥人甚至還釀造了一種白蘭地啤酒來紀念他。

　　這種啤酒就是「嘉士伯特釀啤酒」。這是真實的故事，也就是我們今天要經歷的，一邊喝著白蘭地，一邊咬著雪茄，然後用像擋風玻璃雨刷的東西，推著地圖上的小士兵移來移去 ....。

# 12 月
## DECEMBER

### DEC 1 | 李斯特首次登台表演（一八二二年）
匈牙利葡萄酒 HUNGARIAN WINE

1822 年，11 歲的鋼琴家法蘭茲・李斯特（Franz Liszt）在維也納的蘭德斯坦音樂廳首次亮相。他的演奏廣受讚譽，甚至連貝多芬在演奏後還過來稱他為「令人讚嘆的鋼琴家」（Wunderbar pianist），真是太棒的讚美。

值得強調的是，他當時才 11 歲。11 歲！你 11 歲的時候在做什麼，嗯？如果你是一個愛做白日夢的青春期男孩，鋼琴家可能是個選擇，但你很可能連鋼琴都不會彈。

李斯特後來成為有史以來最偉大的音樂家之一，不過他經常酗酒。據說他每天可以喝掉一瓶白蘭地，並將干邑白蘭地倒在西瓜上喝。儘管這確實解釋了他的一些「亂七八糟」（（seedier。譯註：也可是西瓜「多種子」之意））行為，並激發了更多「瓜神」（譯註：melon-choly 與 melancholy「憂鬱」諧音，李斯特音樂以感情豐富著稱）音樂。他對匈牙利本土葡萄酒也有深厚的喜愛。如今，他們生產了可愛的淡「黑皮諾」（Pinot Noirs）和更甜的貴腐酒（Tokaji）。

### DEC 2 | 佛伊泰克熊過世（一九六三年）
泰斯基啤酒 TYSKIE

讓我們停下來向一隻幫助擊敗納粹、愛喝啤酒的熊致敬。這隻熊被命名為「佛伊泰克」（Wojtek），意思是「微笑的戰士」，它被熊群拋棄後，被正穿越伊朗的波蘭士兵收養。部隊把他收編入行伍中，他成為了第二十二砲兵連編制內的成員。

沃伊泰克獲得二等兵軍階後，士氣大振，不僅學會敬禮，甚至學會了如何洗澡。在義大利的卡西諾山戰役（Battle of Monte Cassino）期間，他在槍林彈雨中「熊手」（bear-handed。譯註：也是「徒手」之意）搬運砲彈。當部隊審問間諜時，他的出現也讓囚犯們嚇破膽。如此勇猛為他贏得了波蘭民族英雄地位，第二十二砲兵補給連也重新設計隊徽，改成沃伊泰克帶著砲彈的圖樣。

　　沃伊泰克喜歡喝啤酒，可能是裝在一個巨大的啤酒壺裡。喝過一、兩杯之後，他經常被發現各種滑稽行為，例如一邊行軍禮，一邊和部隊一起行進，而且還不止一次從軍隊女兵的晾衣繩上偷內衣。我們也都做過吧，噢不，怎麼可能，嘖嘖……這就讓我們清楚連結到「泰斯基」啤酒，亦即波蘭銷量第一的啤酒。泰斯基在擁有四百年釀酒歷史的小鎮蒂黑（Tychy）釀造，是一種好喝的淡啤酒，而且可能會得到波蘭熊的認可。

## DEC 3 | 貓王復出特輯（一九六八年）
### 阿庫阿庫雞尾酒 AKU AKU COCKTAIL 🖼🍾🍷🍸

　　根據滾石雜誌報道，貓王 1968 年的電視復出特別節目有 42% 的美國觀眾收看。這位傳奇人物很有可能會喝酒慶祝，雖然酒精似乎不在他的過度放縱清單上，因為貓王說他只有過一次在喝桃子白蘭地時，曾迷失在酒精中。為了向貓王致敬，我們以變種的提基特調：「阿庫阿庫」雞尾酒的形式，向他對夏威夷的熱愛致敬。

### AKU AKU COCKTAIL

*15ml 寶蒂水蜜桃香甜酒（Briottet Crème de Pêche）| 45ml 新鮮鳳梨汁 |*
*40ml 糖漿 | 25ml 新鮮萊姆汁 | 冰塊 | 薄荷葉、鳳梨片和馬拉斯奇諾櫻桃櫻桃，裝飾用*

・將所有材料（裝飾物除外）放入攪拌機中高速攪拌。接著倒入雞尾酒杯中，用薄荷葉、鳳梨片和馬拉斯奇諾櫻桃裝飾，上酒時附上吸管。

# DEC 4 | 馬尼拉紙專利通過（一八四三年）

「紙飛機」雞尾酒 PAPER PLANE

1843 年，德拉瓦州的約翰・馬克（John Mark）和萊曼・霍林斯沃思（Lyman Hollingsworth）在預料到世界即將發生重大變化時，決定冒險為他們發明的「馬尼拉紙」（Manila paper）申請專利，這種紙至今仍用於製作信封。

幸運的是，他們在電子郵件出現之前就去世了，因為這可能會讓他們懷疑紙張是不是有點沒用。（當然，除了你在上大號時例外。）幸好，這本書是用紙張製作的，所以如果你是從一家實體書店用定價購買，而且正在閱讀這本書的話，也許你應該對紙多點尊重。

此外，紙張還可以用來製作紙飛機，也仍然可以為小孩帶來一種驚喜：如果你覺得這本書讀起來困難重重的話，便可考慮把書頁撕下來摺紙飛機。幸運的是，有一種稱為「紙飛機」的雞尾酒，可以把這個特別脆弱的條目連結在一起。其配方是由調酒師山姆・羅斯（Sam Ross）所創。

## PAPER PLANE

*25ml 波本威士忌 | 25ml 阿瑪羅利口酒（amaro）| 25ml 艾普羅香甜酒 | 25ml 檸檬汁 | 冰塊*

・將所有材料放入雞尾酒調酒器中，加冰塊搖勻，然後濾入寬口杯中。

# DEC 5 | 美國廢除禁酒令（一九三三年）

浴缸琴酒 BATHTUB GIN

美國各地的酒吧繼續慶祝「廢除日」（Repeal Day），亦即禁酒令的結束——這是正確的，因為禁酒令是一個非常愚蠢的想法。首先，禁酒令幾乎不可能執行，飲酒者會想出許多巧妙的方法來持續喝酒：有些人假裝是醫生或牧師，這樣就可

以獲得藥用酒精或聖餐酒；另一些人則會把非法酒藏在各種物品中，從假鞋跟到手杖和掏空的雞蛋中，沒開「黃」笑啊（譯註：No yolk 沒有蛋黃是 No joke 沒開玩笑的諧音）。

　　還有不受監管的非法浴缸私釀酒，經常誤加了各種毒素，因而導致幾千人中毒。最後還伴隨組織犯罪的流行，整體情況相當糟糕（詳見 1 月 17 日）。

## DEC 6 | 滾石樂團發行《同情魔鬼》（一九六八年）
杜瓦金色啤酒 DUVEL

　　早在 1968 年，這張唱片就引起了軒然大波，最大的爭論焦點是主唱米克・傑格（Mick Jagger）以第一人稱的方式發表了撒旦演講，也就是說，米克爵士將自己描繪成魔鬼。很顯然的，有些怪人相信他所說的話。

　　所以，這裡有一款很適合這種場合的酒：「杜瓦」金色啤酒，佛拉蒙語（Flemish）中的「魔鬼」之意。這款比利時金色啤酒散發著丁香、胡椒和香料的香氣，並帶有溫和的苦味，非常容易入喉。

　　然而，「魔鬼藏在細節裡」——尤其是「酒精濃度8.5%」這點。當你喝著金色、味道醇郁的啤酒時，似乎不太可能是這種酒精濃度，但這就是它獲得聲譽和名號的方式。所以，請容許它進入你的嘴裡——但也許要適量才行。

## DEC 7 | 強尼・維斯穆勒打破一百五十公尺自由式世界紀錄（一九二五年）
利口酒 SCHNAPPS

　　1925 年的這一天，強尼・維斯穆勒（Johnny Weissmuller）在 1 分 25 秒內游完 150 公尺自由式：這是這位五屆奧運金牌得主創下的 67 項令人難以置信的世界紀錄之一。但他也是電影《泰山》（Tarzan）的主角，這點也很酷。除此之外，

他跟合演的黑猩猩「獵豹」（Cheetah）還是好麻吉。

　　這個角色使用了多隻黑猩猩，但最引人注目的「獵豹」（或許就是那隻邊喝利口酒邊用手指畫畫和聽基督教音樂的黑猩猩）活到了 80 歲。

　　所以，讓我們為強尼和獵豹舉杯——用的是水果白蘭地的利口酒（譯註：利口酒分為多種釀製類型、蘭姆酒、白蘭地、添加風味型、直接蒸餾型、烈酒型…）類型。我們推薦來自聖喬治（St George）的利口酒，這家美國釀酒廠是由採用德國傳統技術的工藝蒸餾先驅「亞格霍夫」（Jörg Rupf），於 1982 年所創立。

## DEC 8 ｜ 核武禁擴條約（一九八七年）
### 伏特加馬丁尼 VODKA MARTINIS

　　傳說 1987 年時，雷根總統和戈巴契夫簽署了禁止使用中程核子飛彈的條約，然後用「伏特加馬丁尼」舉杯慶祝。這款雞尾酒將俄羅斯的伏特加與美國的雞尾酒結合在一起，調合了兩國間的政治分歧。但他們辦到了嗎？他們真的喝了嗎？我們無法確定，因為我們並不在場。

---

### VODKA MARTINIS

*60ml 伏特加 | 5ml 香艾酒 | 冰塊 | 檸檬皮捲，裝飾用*

- 在攪拌杯中加冰塊攪拌伏特加和香艾酒，濾入冰鎮的馬丁尼杯中，再用檸檬皮捲裝飾。

---

## DEC 9 ｜ 佛利次・梅塔格的生日（一九三七年）
### 海錨蒸汽啤酒 ANCHOR STEAM BEER，海錨啤酒廠

　　1965 年，佛利次・梅塔格（Fritz Maytag）買下舊金山海錨啤酒廠（Anchor Brewing）的股份，在全球精釀啤酒地圖上留下了不可磨滅的印記，不僅拯救了危

難中的經典酒廠，也激勵了一整代的精釀啤酒技客。

　　原先梅泰克家族在創業方面取得成功，在洗衣機行業賺了一大筆錢，統一了整個行業，但當佛利次聽說他最喜歡的啤酒廠即將關閉時，他決定跳入這場困境中。

　　結果在不到 10 年的時間裡，他就讓海錨啤酒廠從破敗絕望中，轉變為大膽而充滿活力。他在 1972 年推出了波特啤酒，這是當時美國唯一的黑啤酒，也成為第一個以「海錨聖誕艾爾」（Anchor Christmas Ale）啤酒形式釀造「季節性啤酒」的人。然後在 1975 年，他又推出了「海錨自由大道艾爾」（Anchor Liberty Ale）啤酒，這是一種以啤酒花為主導口味的啤酒，是目前無所不在的「美國 IPA」（American IPA）啤酒前身。

　　「海錨蒸汽」仍是他們目前的旗艦啤酒，這是以 1800 年代中期，舊金山啤酒廠屋頂的發酵桶命名，該發酵桶把蒸汽送入城市的冷空氣中。這款滑順帶柑橘味的小酒是根據禁酒令後的配方，使用傳統的淺層開放式發酵桶製成，是對少數原創「美國啤酒風格」之一的致敬。

## DEC 10 ｜ 阿佛瑞德・諾貝爾逝世（一八九六年）
### 嘉士伯啤酒 CARLSBERG 🍺🍾

　　諾貝爾（Alfred Nobel）的 330 多項專利裡最為人所知的就是「炸藥」，當這項發明在他面前爆炸後，一家報紙誤刊他死亡的消息，並將死因歸咎於他的致命發明。而當活著的諾貝爾讀到這篇訃聞時，他的良心受到了譴責，因此他在 1901年成立了「諾貝爾獎」名單。

　　這些獎項的得獎者包括丹麥物理學家尼爾斯・波耳（Niels Bohr），他在1922 年因揭開原子結構而獲獎。我們不清楚這個實驗室如何與啤酒廠相關，但重要的是嘉士伯給了這位丹麥人一棟房子作為獎勵，並直接從啤酒廠延伸出一根管子，為他提供免費啤酒，一直到他 1962 年去世為止。

## DEC 11 《華爾街》上映（一九八七年）

### 東岸的美國氣泡酒
### EAST COAST AMERICAN SPARKLING WINE

　　正如麥克·道格拉斯（Michael Douglas）在 1987 年的電影《華爾街》中所證明的，金融區交易員透過買賣賺了很多「美分」（cents，指錢），在大花這些賺來的錢之前，他們在空中拍著手，粗魯地喊著「香檳！」如果你喜歡的話，今天你也可以辦到，但當你喊著「香檳！」的時候，請點紐約州北部的氣泡酒。「手指湖區」（Finger Lakes County）擁有許多氣泡酒專家，康斯坦丁·法蘭克博士酒莊（Dr Konstantin Frank Winery）生產著名的「粉紅氣泡酒」（rosé brut），而赫曼·J. 維默（Hermann J. Wiemer）葡萄園則生產由 65% 夏多內和 35% 黑皮諾傳統混合而成的「乾型氣泡酒」（cuvée brut）。


## DEC 12 《週末的狂熱》上映（一九七七年）

### 「七七」 雞尾酒 SEVEN & SEVEN

　　當約翰·屈伏塔（John Travolta）飾演的東尼·曼內羅（Tony Manero）大搖大擺地走進紐約布魯克林的奧德賽迪斯科俱樂部時，他和他的朋友們找了一張桌子，點了一杯「七七」雞尾酒。這款高球杯飲料混合了美國威士忌「西格拉姆七冠」（Seagrams 7 Crown）和軟性飲料「七喜汽水」（7 Up）。這個鏡頭也讓西格拉姆七冠，一躍成為 70 年代第一名的烈酒品牌。喝一杯，跳個迪斯可。

### SEVEN & SEVEN

*冰塊 | 30ml 西格拉姆七冠 | 七喜汽水或其他檸檬和萊姆類汽水 | 檸檬皮，裝飾用*

· 在高球杯中加入冰塊、威士忌攪拌，接著注滿七喜汽水。再度攪拌後，用檸檬片或一些迪斯可物品裝飾。

## DEC 13 法蘭西斯·德雷克爵士展開環球航行

（一五七七年）

「莫西多」雞尾酒 MOJITO

1577 年，法蘭西斯·德雷克（Francis Drake）成為第一個環球航行的英國人。毫無疑問，當他航行在加勒比海時，他會喝一點蘭姆酒，發出「嗡嗚嗚」的聲音。但他的船員們並不是那些用牙齒拔酒塞、咕嚕咕嚕就著瓶子喝酒、互相稱呼對方為「混混混....混帳」的粗魯水手。德雷克的船員感覺上是一群優雅的人，會攪拌出花俏的調酒。據說當時他們已經了解古巴薄荷和柑橘的藥用價值，因此將它們與當地的甘蔗酒精混合。所以，我們可以把「莫西多」雞尾酒的創造，歸功於德雷克。（雖然這個故事的歷史根據，就像雞尾酒帶給你的鬆散感受，不過這是我們的書，所以請一起隨波逐流吧。）

### MOJITO

*60ml 古巴白蘭姆酒（Cuban white rum）| 15ml 萊姆汁 | 10ml 糖漿 | 6 片薄荷葉 | ½ 顆萊姆切塊 | 碎冰 | 蘇打水，注滿用*

· 將蘭姆酒、萊姆汁和糖漿倒入高球杯中，然後加入薄荷葉和萊姆切塊。先加入一半冰塊，用吧叉匙 (bar spoon) 攪拌。接著加入更多冰塊，倒入蘇打水並攪拌。

## DEC 14 丹尼斯·博格坎普在阿賈克斯首次登場

（一九八六年）

「飛行荷蘭人」雞尾酒

THE FLYING DUTCHMAN COCKTAIL

足球員丹尼斯·博格坎普擁有「星感的橘球雞巧」（譯註：原為「性感的足球技巧」sexy soccer skills，作者故意模仿荷蘭口音寫成 sexshyshoccershkills）

來支付他高額的通勤費。雖然他偶爾會從側翼飛奔下來，但他堅持不搭飛機。

然而丹尼斯並不是像生態戰士格蕾塔・桑伯格這類型的環保先鋒，他更像是怪頭 T 先生，因為他不坐飛機的原因是對飛行的恐懼，後來他也得到了「不會飛行的荷蘭人」（The Non-Flying Dutchman）的綽號。

這跟一款名為「飛行荷蘭人」的雞尾酒，有著幾乎完美的連結。

這件作品是由來自阿姆斯特丹「飛行荷蘭人」雞尾酒吧的泰絲・波蘇穆斯（Tess Posthumus）所調製。

### THE FLYING DUTCHMAN COCKTAIL

*45ml 博斯桶陳琴酒（Bols Barrel Aged Genever）| 30ml 檸檬汁 | 30ml 莫寧糖漿（Monin Speculoos）| 2 長滴雷根香橙苦精（Regans' Orange Bitters）|*
*1 長滴比特儲斯橙花水（The Bitter Truth Orange Flower Water）| 冰塊 |*
*橙皮捲片和食用花，裝飾用*

- 將雞尾酒調酒器中的所有材料（裝飾物除外）與冰塊一起搖勻，然後濾入雞尾酒杯中，再用橙皮捲片和可食用花裝飾。

## DEC 15 | 傑瑞・湯馬斯過世（一八八五年）
「藍色烈焰」雞尾酒 BLUE BLAZERR

被稱為「教授」的美國調酒師傑瑞・湯馬斯（Jerry Thomas）是頗具影響力的《調酒師指南》（Bar-Tender's Guide）的作者，他在全國各地酒吧有幾十年的調酒經驗。這也是他對 19 世紀流行文化的重大影響，他的去世甚至還成為紐約報紙的頭版新聞。

「藍色烈焰」是他最具代表性的火焰威士忌飲料。如果你嘗試調這杯酒時，請將燃燒的酒精倒入耐熱玻璃器皿中，遠離眉毛以及其他任何重要物品。

## DEC 16 | 巴布・妮可・凱歌夫人的生日（一七七七年）

凱歌香檳 VEUVE CLICQUOT

1805 年，27 歲的巴布・妮可・凱歌（Barbe-Nicole Clicquot）夫人繼承了已故丈夫的葡萄酒生意。雖然對於這個時代的女性來說，接掌工作並不是理所當然的事，但她抓住這個機會，撼動了整個香檳行業，向反對她的人臉上大吐一口沫（香檳氣泡）。

現在被稱為「香檳貴婦」（Grande Dame of Champagne）的凱歌夫人，讓自己輝煌的氣泡酒事業更趨完善，為世界帶來了粉紅香檳，並推出新的時尚瓶身形狀，創造出第一個香檳年份酒。

除此之外，她還開發了「轉瓶沉澱檯」（riddling table），這是一種至今仍在使用、具有開創地位的設備，可以讓生產商在不影響品質的情況下，收集和去除香檳中的沉澱物，讓香檳變得清澈而新鮮。

## DEC 17 | 安吉洛・馬里亞尼的生日（一八三八年）

馬里亞尼酒 VIN MARIANI

安傑洛·馬里亞尼（Angelo Mariani）是一位 19 世紀的化學家，他巧妙地找到一種方法，透過混合古柯葉、糖、波爾多葡萄酒和白蘭地，以美味的形式萃取秘魯古柯葉的強烈古柯鹼屬性。他的飲料被稱為「馬里亞尼湯酒佐秘魯古柯」（Vin Tonique Mariani à la Coca de Pérou）。這種飲料成為利用植物麻醉特性的最簡單、事實上也是最美味的方式，每 100ml 含有 21mg 古柯鹼。（愛迪生也是該飲料的愛好者——詳見 10 月 22 日）。這種飲品激發了約翰·彭伯頓（John Pemberton）上校開發可口可樂的靈感，雖然現在的可樂已不含古柯鹼，但直到 20 世紀初，它仍然提供了一定劑量的古柯鹼成分。

現在，你可能會在市面上發現一款販售中的現代版「馬里亞尼酒」，它巧妙地使用了頂級波爾多葡萄酒，並添加了去除掉古柯鹼的秘魯古柯葉。

## DEC 18 | 史丹利·馬修斯榮獲金球獎（一九五六年）
### 司陶特黑啤酒 TITANIC STOUT，鐵達尼號酒廠

足球運動員史丹利馬修斯（Stanley Matthews）被稱為「盤球巫師」（Wizard of Dribble），他是第一位獲得令人垂涎的「金球獎」（Ballon d'Or，足球獎項）的人。這位非凡的邊鋒一直踢到了 50 歲，為黑潭（Blackpool）足球俱樂部贏得了足總盃（FA Cup）冠軍，也是第一位被封為爵士的足球員。他在斯托克城開始他的職業生涯，因此請品嚐當地鐵達尼號啤酒廠屢獲殊榮的黑啤酒。拿好，千萬不要讓酒流出來（Don't dribble it。譯註：亦為「切勿盤球」之意）。

## DEC 19 | 狄更斯的《小氣財神》出版（一八四三年）
### 冒煙主教 SMOKING BISHOP

狄更斯的故事充滿了酒精，《小氣財神》（A Christmas Carol）中「冒煙主教」（Smoking Bishop，亦有翻為吸煙主教）是一種優質而複雜的潘趣酒。雖然這個

名字會讓人想起一個剛做完愛、沾沾自喜的牧師，但它實際上是由狂飲者們命名的，他們的目的在取笑教堂，一邊逃避星期日的上教堂職責，一邊喝著它。

這款雞尾酒成分中的葡萄酒和波特酒的奢華，使其成為富人的喜愛選擇，因此剛好服膺於狄更斯的這個季節性故事中，代表維多利亞時代的明顯階級鴻溝。當吝嗇鬼史古基（Scrooge）向曾經貧困的鮑伯·克拉奇特（Bob Cratchit）送上酒時，狄更斯便是用這種雞尾酒來強調他的隱喻，也就是一個從貧窮變為富有的主人公，應該如何對窮人釋出善意。

---

## SMOKING BISHOP

*6 人份*

*75cl 紅寶石波特（Ruby port）1 瓶 | 75cl 紅酒 1 瓶 | 6 個柳橙 | 2 顆檸檬 | 30 顆丁香 | ½ 茶匙多香果粉 | ½ 茶匙肉桂粉 | 5 cm 新鮮薑片，切碎 | 65 g 德梅拉拉糖 | 5 個乾荳蔻莢*

- 將烤箱預熱至 180°C（瓦斯標記 4 或 350°F）。將柳橙和檸檬各放入 5 顆丁香，烤一小時。將所有其他食材放入鍋中，以小火加熱。趁烹煮時，切開並擠壓煮熟的水果，然後將果汁加入鍋中。全部加熱後，濾入潘趣碗中，然後用湯匙舀入單獨的潘趣酒杯中，最後用橙皮片裝飾。

---

DEC
**20**

# 《風雲人物》上映（一九四六年）

## 哈德遜波本威士忌，塔西爾敦烈酒廠

HUDSON BABY BOURBON

在法蘭克·卡普拉（Frank Capra）執導，1946 年的季節性催淚電影《風雲人物》（It's a Wonderful Life）的一個場景中，詹姆斯·史都華（James Stewart）飾演的角色喬治·貝利（George Bailey）參觀了尼克酒吧，並點了一杯雙份「波本威士忌」，坦白說，這就是我們在這一天建立連結所需的一切。由於他在紐約

州北部，我們建議他喝「塔西爾敦」（Tuthilltown）生產的「哈德遜波本威士忌」（Hudson Baby Bourbon。譯註：Baby 是指較小的釀酒桶）。塔西爾敦烈酒廠成立於 2003 年，生產了自禁酒令以來，第一款合法蒸餾和陳釀的紐約穀物烈酒。

## DEC 21 ｜ 世界猴子日
### 「猴上腺素」雞尾酒
# MONKEY GLAND COCKTAIL

20 世紀初，法國外科醫生兼諾貝爾獎得主賽吉・沃羅諾夫（Serge Voronoff），正在努力探索阻止老化過程的方法。他也致力於研究把東西從動物身上移植到人類身上的作法，並認為動物激素的轉移可以治癒某些人類疾病。毫無意外地，他的研究對象很快就轉為猴子，因為猴子是所有動物中最有趣也最適合的。

賽吉堅信猴子的睪丸是回春的關鍵，並想說服醫學界以及許多患者相信睪固酮對於健康生活的重要性。因此，他將猴子睪丸移植到了一位法國老人臉上，亦即真正的猴子性腺，到了真正的男人身上。

儘管這種治療方法本身就很奇特（事實上他還提議過用馬的陰莖做移植手術，但因故作廢了），賽吉後來從這項移植技術上賺了很多錢。可悲的是，這種手術後來被譏嘲不已，因為 .... 好吧，請相信我們，它完全不起作用。

諷刺的是，塞吉成了笑柄，但他的手術可能創造出了醫學上的負面術語，包括「你瘋了」（that's nuts。譯註：nuts 意指睪丸）、「管他的」（balls to that。譯註：balls 亦指睪丸），甚至是「胡說八道」（bollocks。譯註：一樣有 ball 的諧音）。

因此，為了紀念他的奇特手術，一位名叫哈利・麥克荷恩（Harry Mac Elhone）的聰明調酒師在巴黎的哈利紐約酒吧裡，調製出了「猴上腺素」雞尾酒。麥克荷恩在調酒方面絕不含糊，所以各位不必擔心：猴上腺素是一種很美味的雞尾酒，嚐起來並不會像「球袋」（ball sacks。譯註：意指陰囊）。

## MONKEY GLAND COCKTAIL

*60ml 乾琴酒（dry gin）| 45ml 柳橙汁 | 5ml 苦艾酒 | 5ml 石榴糖漿 |*
*5ml 糖漿（選購）| 荔枝罐頭，裝飾用*

- 將所有材料（裝飾物除外）放入雞尾酒調酒器中加冰塊搖勻，然後濾入冰鎮的雞尾酒杯或寬口杯中。在裝飾的部分，哈利建議用一片橙皮，但我們認為罐裝荔枝更適合。上酒時可以附一盤「帶殼花生」（monkey nuts。譯註：也可當「猴子睪丸」之意）。

---

**DEC 22** | # 杜斯妥也夫斯基逃過處決（一八四九年）
蘇托力伏特加 STOLICHNAYA VODKA 🔲

1849 年，杜斯妥也夫斯基（Dostoevsky）在文學上的嘲諷行為，導致他被指控煽動反政府情緒（anti-government sentiment），並因此被判死刑。然而在最後一刻，他獲得緩刑，改判送往勞改營。他在監獄裡努力的想喝杯酒來慶祝，結果在獲釋之後，這位作家在吃甜點前喝了干邑白蘭地，在早餐前喝了自家種植穀物製的伏特加。他當然是一位偉大的文學家，但在早餐時喝伏特加，並沒有什麼厲害或聰明的吧。

---

**DEC 23** | # 唐娜・塔特的生日（一九六三年）
「金翅雀」雞尾酒 THE GOLDFINCH 🔲🍶🍷🥃

唐娜・塔特（Donna Tartt）生日快樂，她是《秘史》（The Secret History）和普立茲獎得獎作品《金翅雀》（The Goldfinch）等書的傑出作者。我們熱愛她的作品，並堅信當她搜尋自己的作品而找到我們這篇貼文時，對她來

說一定意義非凡。她正讀到這篇吧，我們都知道她一定看到了。

由勞倫・謝爾（Lauren Shell）調製的這杯雞尾酒，剛好與唐娜的書同名，你可以在紐奧良的「適航」（Seaworthy）酒吧裡喝到。

---

### THE GOLDFINCH

*30ml 公雞美國佬（Cocchi Americano）| 30ml 菲諾雪莉酒（fino sherry）| 20ml 新鮮檸檬汁 | 15ml 糖漿 | 2 長滴香橙苦精 | 冰塊 | 氣泡水 | 葡萄柚皮捲，裝飾用*

- 在雞尾酒調酒器中加冰塊搖勻前五種原料後，濾入裝有冰塊的冰鎮柯林杯中，並在上面注入氣泡水，再用葡萄柚皮裝飾。

---

## DEC 24 | 聖誕夜
### 土耳其葡萄酒 TURKISH WINE

世界上有超過 20 億人慶祝聖誕節，許多人都會為闖入的聖誕老人留一杯傳統酒，例如英國的雪利酒、愛爾蘭的健力士黑啤酒、澳洲的冷拉格啤酒和瑞典的阿夸維特烈酒。

然而聖誕老人可能根本不喜歡這些酒，他沒有理由喜歡，他甚至不是真實存在的。此外，聖誕老人的原型聖尼古拉斯（Saint Nicholas），事實上是一位在土耳其傳教的希臘主教。

所以如果你堅持的話，為什麼不在今晚留給他一杯「土耳其葡萄酒」呢？土耳其是世界第四大葡萄生產國，擁有 150 萬英畝的葡萄園，羅馬人在四千年前就盛讚過這片土地了。

# 聖誕節
啤酒 BEER

在今年的聖誕狂歡時，請倒點啤酒來代替葡萄酒。為什麼？因為這才是小小耶穌想要的。不相信我們？好吧，要證明彌賽亞是個啤酒迷，只需看看他居住的古代以色列的位置。它的兩側是埃及和美索不達米亞，這兩個地區都是啤酒和釀酒業的溫床。

除此之外，《希伯來聖經》（Hebrew Bible）中也大量提到啤酒和喝啤酒。耶和華，以色列和猶大王國的上帝，每天喝大約兩公升啤酒，整本書也都在建議我們「適度」飲用啤酒（參考以賽亞書 5:11、28:7 和箴言 20:1、31:4*。）。

我們得以把這樣的大人物與葡萄酒關聯在一起，必須歸功於以希伯來語「謝卡爾」（shekhar）一詞為中心的詞源爭論，其原意是指「烈酒」（strong drink）。許多聖經學生認為它指的是葡萄酒，但其實它是來自「謝卡魯」（sikaru），一個古老的閃族詞語，意思是「大麥啤酒」（barley beer）。

現在，我們承認有一些「超天才」（戴眼鏡認真學習的那種人之類）會對這些語言上的問題提出異議。但說實話：「啤酒」被從後來版本的《聖經》中刪除的真正原因，純粹是因為學術上的勢利眼。當《聖經》在 17 世紀初被翻譯成英文時，啤酒被認為是窮人的飲料，葡萄酒則在上流人士中流行。因此，譯者們表現出驚人的學術傲慢，把耶穌基督從一個喝啤酒的人民朋友，變成了一個故作姿態的暴發戶、喝著葡萄酒的花花公子。

我們都知道耶穌絕對不會這樣。你只要看看他的外表就知道了：他留著鬍子，穿涼鞋，而且他常和其他也留鬍子、穿涼鞋的男人在一起。如果你參加過真正的啤酒節，你就會知道這樣的人更喜歡的是啤酒。

如果你仍然不相信我們，那你認為「希伯來」（He-Brew。譯註：他釀啤酒）這個詞是從哪來的？

* 譯注：這幾節其實都在講喝酒的危害

# DEC 26 足球節禮日

盧卡斯淡拉格 LUKAS HELLES，索恩橋酒廠

150 多年來，「節禮日」（Boxing Day。譯註：聖誕節後一天的比賽，當天為全國放假日）一直是英國足球比賽的固定日期，但最早為了我們的娛樂而犧牲自己在聖誕節過節的隊伍，就是 1860 年在雪菲爾市的哈勒姆足球俱樂部（Hallam F.C.）和雪菲爾足球俱樂部（Sheffield F.C.）。

雪菲爾市是目前英國一些最佳精釀啤酒的孕育地，在這股新浪潮中的資深代表便是索恩橋酒廠（Thornbridge）。除了優質啤酒外，該啤酒廠還擁有世界上最古老的足球俱樂部「雪菲爾足球俱樂部」對面的「車廂和馬」（Coach & Horses）酒吧。

所以我們推薦他們的「盧卡斯淡拉格」啤酒。以傳統作法並完全使用巴伐利亞原料釀造，是任何賽前平價啤酒的最佳替代品。


# DEC 27 路易巴斯德的生日（一八二二年）

野鹿角啤酒 WILD BEER

當路易斯・巴斯德（Louis Pasteur）盯著午餐時的一品脫啤酒，了解到它已經變酸的時候，他並沒有簡單地要求換另一杯啤酒，畢竟他只是個書呆子。相反的是，他成功地推斷出如何減少腐敗現象：如果把飲料的溫度升高一段特定時間，便可消滅掉破壞這杯啤酒口感的病原微生物或細菌。

因此，正是他的一品脫啤酒，引領科學走上了全國性的「巴氏殺菌法」（pasteurisation。譯註：加熱〈未煮沸〉一段時間的殺菌法，既殺菌又能保留風味）之路，這便意謂著他用啤酒拯救了幾百萬人的生命。

## DEC 28 史丹・李的生日（一九二二年）

### 蜘蛛猴有機未過濾 IPA 啤酒

### SPIDER MONKEY ORGANIC UNFILTERED IPA

聽著，各位掛在網路上的蜘蛛人！在漫畫《蜘蛛人之網》（Web of Spider-Man）第 38 期中，彼得・帕克（Peter Parker）在一次聚會上，無意中喝下 7 杯含酒精的水果潘趣酒後，醉著與他的宿敵「惡鬼」（Hobgoblin）戰鬥。在這場典型的酒後狂歡中，窗戶被砸碎，垃圾箱被打翻，烤肉串散落，壞人搭「惡魔滑翔機」（Goblin Glider）逃走了。我們的英雄活了下來，但也只是活了下來，這證明即使是超級英雄，也必須「喝少，喝好」。

黑島啤酒公司（Black Isle Brewing Co.）的「蜘蛛猴」啤酒是一款相當出色的啤酒，酒名裡有「蜘蛛」，而且是一種果汁風味的 IPA 啤酒，一定比劣質的加料潘趣酒更具熱帶水果風味。

## DEC 29 第谷・布拉赫與人決鬥（一五六六年）

### 太陽之果 FRUITS OF THE SUN，米凱勒酒廠

第谷・布拉赫（Tycho Brahe）是一位 16 世紀的丹麥天文學家，他的研究揭開了行星如何繞太陽旋轉。他來自東海岸的奧爾胡斯（Aarhuus，發音為「aarhoose」），與一頭駝鹿（moose）住在一起，這頭駝鹿喝了丹麥啤酒後，會在他的宅邸周圍亂跑，造成破壞。我們可以由此推斷，在 16 世紀中期，奧爾胡斯可能有過一頭「自由走動的駝鹿」（譯註：原文 moose loose aboot，故意押韻）。

在 1566 年的這一天，布拉赫在與一位天文學家同事的酒後決鬥中，失去他真正的鼻子，後來就戴上了金屬假鼻。他聞起來怎麼樣？（How did he smell？譯註：一語雙關指「他酒後身上的味道如何」或「他用假鼻子怎麼聞」）一定他媽的糟透了！

「太陽之果」由丹麥精釀之星米凱樂（Mikkeller）酒廠釀造。它的名字裡有「太陽」這個詞，而且是一種酸味、果味的「柏林白啤酒」（Berliner Weisse）。假設你沒有金屬鼻子的話，它的香氣和味道聞起來就像水果軟糖。

## DEC 30 | 蘇聯成立（一九二二年）
### 鱘龍魚伏特加 BELUGA VODKA

1922 年，一個基於馬克思社會主義的全新共產主義國家從東方出現——正如他們所說，剩下的就是歷史了。事實上，這段歷史佔據了 20 世紀的絕大部分時間，所以不要指望我們能在這裡簡單地做總結。正好相反，請為自己倒一杯「鱘龍魚伏特加」，這是一種曾經贊助過俄羅斯馬球隊的奢侈烈酒。這樣的奢華情境讓他們與已經解體的蘇聯，相去甚遠。

## DEC 31 | 除夕夜

這是依據格林威治標準時間的「飲酒時刻表」，可以協助你看到地球上其他地方的除夕午夜。

**中午：**南半球的午夜降臨，請品嚐紐西蘭的「酵母男孩藍海灣」（Yeastie Boys Gunnamatta，一種含有伯爵茶的 IPA 啤酒），開始今天的第一杯酒。或者以澳洲來說，可以選擇「四柱希拉琴酒」（Four Pillars Bloody Shiraz），這是一種用維多利亞希拉子葡萄浸釀的琴酒。

**下午 3 點到 4 點：**東亞的午夜降臨。就日本而言，請喝點「清酒」（sake）。而為了改變一下；對於中國來說，請嘗試他們的「雪花啤酒」（Snow beer），這是世界上最暢銷的啤酒。

**下午 6 點：**隨著南亞新年的到來，請為印度倒杯「蜂蜜酒」（mead）。梵文

文獻提到在婚禮後要喝蜂蜜啤酒的儀式，因此才有了「蜜月」這個名詞。

**晚上 8 點**：中東人不太喝酒，所以休息一下，可以喝杯牛奶。謝赫（Sheik。譯註：中東酋長之意）。

**晚上 11 點**：前往中歐除夕，可以用香艾酒慶祝。這是一種法國、義大利和德國都有釀造的加強型葡萄酒，採用來自歐洲大陸各地的植物香料調味。

**午夜**：英國和卡薩布蘭加。向卡薩布蘭加的琴酒吧致敬一杯琴酒馬丁尼。

**凌晨 1 點**：格陵蘭島。古代北極的因紐特人喝的「海鷗酒」（gull wine。譯註：把死鳥放在水中發酵製成），不是什麼值得「拍動翅膀」（in a flap。譯註：亦為「大驚小怪」之意）的飲料。

**凌晨 3 點**：里約。嘉年華與卡琵莉亞雞尾酒。

凌晨 4 點：美洲。如果是智利，請喝一杯內容豐富的「馬爾貝克」（Malbec，阿根廷葡萄酒。然而你必須開始認真考慮就寢時間了，所以這是個大膽的選擇）。如果是紐約和哈瓦那的話，請喝杯「曼哈頓」雞尾酒。

**早上 6 點**：墨西哥城。不如喝杯梅茲卡爾酒（Mezcal）。

**早上 6 點 05 分**：上床睡覺。

**中午**：太平洋上的除夕午夜，最後降臨在貝克島（Baker Island）上。這是一個無人居住的美屬環礁，季節性地棲息著疲倦的紅翻石鷸（ruddy turnstones）和斑尾鷸（bar-tailed godwit）兩種鳥，它們會非常警醒，你也應該如此。現在，請以更負責任的方式迎接新年：「喝少，喝好」。並請記住，在一月下決心戒酒是毫無意義的，畢竟這是一年中最冷峻的月份啊。

# 致謝 Acknowledgements

## 湯姆

感謝我美麗且耐心的妻子克萊爾，在我以喝酒（喝少，喝好）為職業時支持我。充滿好奇心的約瑟夫和塞繆爾，你們出於愛，對「有一位法國男子把猴子睪丸縫在臉上」的故事表現出興趣。還有爸爸和媽媽對我的愛、支持，並創造了我的智慧。艾倫和愛德華、妮基、艾達和瑪歌；以及羅伯、珍妮特、史都華、崔西、哈利和羅里，感謝你們一直以來的支持：希望你們都會買這本書（我的朋友們，我確實還有一些書）。班・麥克法蘭，你就像我翼下的風一樣的幫助我。最後要對網路的諸君說：幹得好！

## 班

感謝我火熱到冒煙的妻子蘇菲——你是我的第一選擇；感謝帥氣、漂亮的男孩們雷米和羅里，他們在編輯上的「協助」，幫我「延長」了這本書的寫作過程。特別感謝我可愛的媽媽，感謝她無盡的愛與支持和校對技巧。感謝爸爸和尼可拉的愛和鼓勵；感謝大哥巴納比和羅西・格林致敬，巴巴、勒巴爾一夥、蓋迪家族、NLC、戴勒特的大夥們，當然還有湯姆・桑德漢 - 如果這本書賣得好，我們可以再寫一本調酒技巧書。

非常感謝「凱爾圖書公司」（Kyle Books）的每一個人，包括出色的喬安娜・卡普史迪克——再次支持我們，極其耐心的露易絲・麥基佛（對稍微超出篇幅深感抱歉）；塔拉・奧沙利文幫我們找到無數的錯誤和濫用，還有法律團隊——我們太愛你們了；設計師保羅・帕默 - 艾德華茲、製作部的彼特・韓特以及梅根・布朗和夏洛蒂・桑德斯帶來的歡樂。也要感謝蘇豪經銷的班克萊克和我們的經紀人安迪湯先德的協助，讓這個企劃得以實現。

囍生活 2AF367

# 一天一則酒知識，以及那天發生的醉重要大事（應該）

| | | | |
|---|---|---|---|
| 作者 | Ben McFarland, Tom Sandham | ISBN | 978-626-7336-65-6（紙本） |
| 編輯 | 單春蘭 | | 9786267336601（EPUB） |
| 內頁設計 | 江麗姿 | | 2024 年 2 月初版一刷 |
| 特約美編 | 蘇孝朋 | | Printed in Taiwan |

| | | | |
|---|---|---|---|
| 行銷主任 | 辛政遠 | 定價 | 新台幣 380 元（紙本）／ |
| 行銷專員 | 楊惠潔 | | 266 元（EPUB）／ |
| 總編輯 | 姚蜀芸 | | 港幣 127 元 |
| 副社長 | 黃錫鉉 | | |

| | | | |
|---|---|---|---|
| 總經理 | 吳濱伶 | 製版印刷 | 凱林彩印股份有限公司 |
| 發行人 | 何飛鵬 | | |
| 出版 | 創意市集 | | |

發行　城邦文化事業股份有限公司
歡迎光臨城邦讀書花園網址：www.cite.com.tw

香港發行所　城邦（香港）出版集團有限公司
九龍九龍城土瓜灣道 86 號順聯工業大廈 6 樓 A 室
電話：(852) 25086231
傳真：(852) 25789337
E-mail：hkcite@biznetvigator.com

馬新發行所　城邦（馬新）出版集團
Cite (M) SdnBhd 41, Jalan Radin Anum,
Bandar Baru Sri Petaling,
57000　Kuala Lumpur,Malaysia.
電話：(603) 90578822
傳真：(603) 90576622
E-mail：cite@cite.com.my

若書籍外觀有破損、缺頁、裝訂錯誤等不完整現象，想要換書、退書，或您有大量購書的需求服務，都請與客服中心聯繫。

客戶服務中心
地址：115 臺北市南港區昆陽街 16 號 7 樓
服務電話：(02) 2500-7718、(02) 2500-7719
服務時間：週一至週五 9：30 ～ 18：00
24 小時傳真專線：(02) 2500-1990 ～ 3
E-mail：service@readingclub.com.tw

※ 詢問書籍問題前，請註明您所購買的書名及書號，以及在哪一頁有問題，以便我們能加快處理速度為您服務。

※ 廠商合作、作者投稿、讀者意見回饋，請至：
FB 粉絲團：http://www.facebook.com/innoFair
Email 信箱：ifbook@hmg.com.tw

國家圖書館出版品預行編目資料

一天一則酒知識，以及那天發生的醉重要大事（應該）/
Ben McFarland, Tom Sandham 著；吳國慶譯 . -- 初版 . --
臺北市：創意市集出版：城邦文化事業股份有限公司發行，
2024.02
　　面；　公分
　　譯自：The thinking drinkers' almanac : a day by day
guide to drinking less but better.

　　ISBN　978-626-7336-65-6( 平裝 )

　427.43　　　　　　　　　　　　　112021356

Traditional Chinese translation rights arranged with OCTOPUS
PUBLISHING GROUP LIMITED.

Text copyright © Ben McFarland and Tom Sandham 2021
Design and layout copyright © Octopus Publishing Group Ltd
2021
Traditional Chinese translation copyright © 2024 by Inno-Fair, a
division of Cite Publishing Ltd.
Traditional Chinese translation rights arranged with OCTOPUS
PUBLISHING GROUP LIMITED.through Beijing TongZhou
Culture Co. Ltd.
All rights reserved. No part of this work may be reproduced or
utilized in any form or by any means, electronic or mechanical,
including photocopying, recording or by any information storage
and retrieval system, without the prior written permission of the
publisher.